Raimund Erger

Sozialmanagement

W0321315

Teamarbeit und Teamentwicklung in sozialen Berufen

Cornelsen

Verlagsredaktion: Erich Schmidt-Dransfeld
Technische Umsetzung: Holger Stoldt, Düsseldorf
Illustrationen: Verena Hinze, Essen
Umschlag: Claudia Adam, Darmstadt

Titelfoto: © Photoconcepts / Frank and Helena, gettyimages®

Informationen über Cornelsen Fachbücher und Zusatzangebote:
www.cornelsen.de/berufskompetenz

1. Auflage, 3. Druck 2016

© 2012 Cornelsen Schulverlage GmbH, Berlin

Das Werk und seine Teile sind urheberrechtlich geschützt.
Jede Nutzung in anderen als den gesetzlich zugelassenen Fällen bedarf der vorherigen schriftlichen Einwilligung des Verlages.
Hinweis zu den §§ 46, 52 a UrhG: Weder das Werk noch seine Teile dürfen ohne eine solche Einwilligung eingescannt und in ein Netzwerk eingestellt oder sonst öffentlich zugänglich gemacht werden.
Dies gilt auch für Intranets von Schulen und sonstigen Bildungseinrichtungen.

Druck: H. Heenemann, Berlin

ISBN 978-3-06-450717-3

PEFC
PEFC/04-31-1156

PEFC zertifiziert
Dieses Produkt stammt aus nachhaltig bewirtschafteten Wäldern und kontrollierten Quellen.

www.pefc.de

Inhaltsverzeichnis

Einführung

1

„Zusammenkommen ist ein Beginn, zusammenbleiben ist ein Fortschritt, zusammenarbeiten ist ein Erfolg."
Henry Ford

Viele Jahre bin ich selbst Mitglied von Teams gewesen und seit 25 Jahren berate ich Teams zu ihrer Weiterentwicklung. Beide Erfahrungen sind der Grund, mich mit dem Thema Team intensiver zu beschäftigen, um diesen „roten Faden" für die Teamarbeit in sozialen Organisationen zu entwickeln und ein Buch aus der Praxis für die Praxis zu schreiben.

Teamarbeit habe ich selbst in verschiedensten Organisationen recht unterschiedlich erlebt. Sie war und ist immer geprägt durch den Wunsch: „Wir sind ein Team." Die Realität ist aber häufig wesentlich anspruchsloser. Nach außen wird der Mythos eines erfolgreichen Teams gepriesen, in der Alltagsrealität ist das Team dann eine Gruppe von Mitarbeiterinnen und Mitarbeitern, die versuchen, irgendwie zusammenzuarbeiten. Gerade in sozialen Organisationen arbeiten häufig sehr engagierte Menschen, die dem Teamgedanken hohen Wert beimessen, dann aber in realen Teamsituationen Enttäuschungen erfahren. Das Etikett, „Wir sind ein Team", wird hochgehalten, die Möglichkeiten und Potenziale eines erfolgreichen Teams werden jedoch oft nicht genutzt und man trifft vielerorts wenig echten Teamgeist an.

Wer guten Teamgeist erleben will, muss sich selbst engagiert einbringen, Wissen und Kenntnisse über Teamstrukturen und Teamdynamiken besitzen und darf nicht überhöhte und unrealistische Erwartungen mitbringen.

Der Teambegriff wird nicht einheitlich genutzt. „Team" ist zunächst ein moderner, dem Zeitgeist entsprechender Begriff für die Zusammenarbeit von Menschen geworden, mit dem unterschiedliche Gruppen von Menschen beschrieben werden. Manche Personalverantwortliche nutzen die Bezeichnung Team einfach nur als „Hochglanzillusion" für eine zufällig zusammengefundene Arbeitsgruppe. Aber auch wenn Arbeitsgruppen oder Projektgruppen gezielt zusammengestellt sind, bilden sie nicht automatisch schon ein Team. Gegenüber der bloßen Gruppe, in der sich durchaus gruppendynamische Prozesse abspielen, ist für ein echtes Team das folgende Merkmal konstituierend:

Teams verstehen sich in der Regel als Gemeinschaft, die vereint ein Ziel anstrebt.

Vor allem als Berater und Team-Coach habe ich immer wieder festgestellt, dass viele Arbeitsgruppen, die sich für Teams halten, in der Praxis mehr nebeneinanderher arbeiten, als im eigentlichen Sinne zusammenzuarbeiten. Vor allem in sozialen Organisationen unterstellt man jeder Ansammlung von Mitarbeitern, dass sie als Team agiert. In der Praxis wird jedoch häufig ohne gemeinsames Ziel miteinander rivalisiert und konkurriert, der Umgang miteinander ist geprägt von ungelösten Konflikten. Solche Konflikte werden dann personalisiert und das Teamklima ist angespannt.

Wenn ich als Teamentwickler beobachte, wie begrenzt manche Teams mit ihren realen Möglichkeiten umgehen, ihr Handeln dadurch eingrenzen und mehr aneinander leiden, als gemeinsam gearbeitet wird, kann ich verstehen, dass Mitarbeiter vom Teamgedanken enttäuscht sind und die Lust am Arbeiten im Team verlieren. Hinzu kommt noch, dass Menschen in einem Team zusammenarbeiten, die sich die anderen Teammitglieder selten haben aussuchen können, deren charakterliche Eigenschaften, deren besondere Persönlichkeit und Fähigkeiten nicht für eine erfolgreiche Zusammenarbeit geeignet erscheinen.

Zugegeben: Das ist ein wenig schwarzgemalt. Aber jeder kennt doch das Gefühl, dass man sich wünscht, die Teamzusammensetzung wäre doch besser eine andere.

Fakt ist: Jeder muss versuchen, mit den Menschen in seinem Team zusammenzuarbeiten und versuchen, die vorhandenen Potenziale im Team – inklusive der eigenen – so einzusetzen, dass das Team sein Ziel erreichen kann.

Vor allem in sozialen Organisationen gibt es ein großes Bedürfnis nach Teamarbeit. Dahinter steht der Wunsch, neben der gemeinsamen Arbeitsbewältigung auch menschlich in einer Gruppe von Kolleginnen und Kollegen aufgenommen zu sein. Wer Tag für Tag sensibel und einfühlsam mit anderen Menschen umgehen soll, benötigt selbst auch ein Eingebundensein, einen Ort, an dem er sich als einen sinnvollen Teil eines Ganzen erlebt und eine Reflexionsbasis für einen Austausch über die Arbeit findet.

Selbst habe ich bei Teams immer zwei Anteile gespürt, das Mögliche und das Wünschenswerte, also den Spannungsbogen zwischen Mythos und Realität. Wenn man es schafft, das Mögliche zu erkennen und wertzuschätzen und das Wünschenswerte auf das Erreichbare vom Utopischen abgelöst wird, ist in Teams vieles möglich und noch mehr erreichbar. Wichtig ist es für Führungskräfte und Teammitglieder gleichermaßen, die Stärken eines Teams zu erkennen, mit den Menschen in diesem Team so zu arbeiten, dass mehr möglich ist als die Leistung jedes Einzelnen. Es gilt Wege zu finden, dass sich Persönlichkeiten und Kompetenzen optimal ergänzen und aus erlebten Problemträgern zur Lösung beitragende, geschätzte Teammitglieder werden.

Teamarbeit erfordert ein Wissen darüber, wie Menschen erfolgreich miteinander kooperieren können, sodass sie zeigen können, zu welcher Leistung sie in der Gruppe fähig sind. Es braucht aber auch das Wollen eines jeden Einzelnen, sich für die gemeinsame Leistung des Teams persönlich einzusetzen.

In diesem Buch werden wichtige Teamaspekte beschrieben, die nach meiner Erfahrung von großer Bedeutung in der Teamarbeit sind. Es werden verschiedene Kommunikationstheorien, die in einem Team bedeutsam sind, angesprochen, aber auch praktische Erfahrungen aus der Beratungspraxis. Die Schwerpunkte in diesem Buch berücksichtigen immer den praktischen Hintergrund. Alle Aspekte von Teamarbeit können nicht dargestellt werden, aber die aus meiner Sicht bedeutsamen Eckpfeiler der Teamarbeit sind hier berücksichtigt.

Sie werden immer wieder Fragen und Übungen finden, um sich mit den Eindrücken und den persönlichen Erfahrungen Ihres eigenen Teams auseinandersetzen zu können. So haben Sie die Möglichkeit, Ihren ganz persönlichen „roten Faden“ für Ihr Team zu entwickeln.

Ich möchte Sie daher immer wieder einladen, die Impulse aus diesem Buch auf Ihren persönlichen Erfahrungshintergrund und Ihre Wünsche an ein erfolgreiches Team zu überprüfen und zu reflektieren.

Entdecken Sie für sich persönlich bzw. für Ihr Team, welche Anregungen für die Weiterentwicklung Ihrer Teamarbeit nützlich sind. Denn es lohnt sich, in einem echten und vor allem einem guten Team zu arbeiten. Dies ist für Ihre professionelle Arbeit und für Ihr Wohlbefinden am Arbeitsplatz immer auch ein persönlicher Gewinn.

Gute Teamarbeit macht Leistungen erst möglich, wozu Einzelne gar nicht in der Lage wären. Kurz: Gute Teamarbeit fällt nicht vom Himmel. Es lohnt sich jedoch, in ein gutes Team zu investieren.

Warum Teamarbeit?

2

„Niemand kann eine Sinfonie flöten.
Es braucht ein Orchester, um sie zu spielen."
Halford E. Luccock

Gründe und Voraussetzungen für Teamarbeit 2.1

Erfolgreiche Teams schaffen große Leistungen. Schauen wir uns nur einmal erfolgreiche Teams im Sportbereich an, so erfahren wir, dass hervorragende Leistungen ohne das gesamte Team nicht erbracht werden können. Ob im Fußball, Handball, im Wintersport oder bei der Formel 1: Ein gut funktionierendes Team im Hintergrund ist die Voraussetzung für den Erfolg. Formel-1-Weltmeister Sebastian Vettel wäre nicht Weltmeister geworden, hätte er nicht im Hintergrund ein gutes Team, das ihm seine Siege ermöglicht.

Teamarbeit wird überall hochgehalten. Wenn wir Stellenanzeigen studieren, lesen wir, dass mit größter Selbstverständlichkeit Teamfähigkeit erwartet und die Mitarbeit in einem großartigen Team geboten wird. Aber fragt man Mitarbeiter einmal, wie es um die Teamarbeit in ihrer Organisation bestellt ist, macht sich recht schnell die schon angesprochene Ernüchterung breit. Sicher gibt es Mitarbeitergruppen, in denen die Teamarbeit reibungslos funktioniert. Aber viele vermeintliche Teams sind eigentlich eher Arbeitsgruppen, in denen ein jeder versucht, seine Aufgabe mehr oder weniger zu erfüllen. Und würde es nicht reichen, nur „gute" Leute einzustellen, wenn jeder der Experte für seine Aufgabe ist und einfach nur sein Bestes gibt?

Teamarbeit hat eine Reihe unschlagbarer Vorteile:

- Sie macht das Wissen und die Erfahrung aller nutzbar.
- Sie erleichtert den Informationsfluss.
- Sie verringert das Risiko von Fehlentscheidungen.
- Sie fördert die Motivation und die Arbeitszufriedenheit.

Alles dies spricht für die Arbeit im Team. Allerdings kann man nicht einfach beschließen, von nun an im Team zu arbeiten. Ein Team muss man sich erarbeiten.

Eine Arbeitsgruppe wird nur dann effektiv arbeiten, wenn sich im Team die richtigen Leute zusammenfinden und wenn die Rahmenbedingungen gut sind. Und: Ein Team muss sich „zusammenraufen", ein Teamgeist muss sich erst entwickeln. Nicht jede Gruppe, die zusammenarbeitet, ist automatisch ein Team oder in der Lage, sich zu einem Team zu entwickeln *(vgl. CD-ROM, Jünger, Teamtraining)*.

Erfolgreiche Teamarbeit ist also mehr als die Ansammlung guter qualifizierter Mitarbeiter. Die Leistung eines Teams sollte die Leistungsfähigkeit des Einzelnen erst ermöglichen oder sogar noch übertreffen. Dazu gehören neben der beruflichen Qualifikation eine teamfähige Persönlichkeit, soziale Kompetenzen und die Perspektive, dass die eigene Leistungsfähigkeit durch die Möglichkeiten der anderen optimal ergänzt werden kann. Das setzt aber ein Höchstmaß an Wertschätzung der anderen Teammitglieder und eine Kommunikationsfähigkeit voraus, die es auch erlaubt, in Belastungssituationen einen konstruktiven Umgang miteinander zu erhalten.

Alle reden von Teamarbeit, aber was macht erfolgreiche Teams aus? Warum sind die einen leistungsfähiger als die anderen? Liegt es an den Kompetenzen der Mitarbeiterinnen und Mitarbeiter oder liegt es, wie häufig behauptet wird, an der Führungskraft? Beides spielt eine Rolle, wäre aber in der Regel zu einfach gedacht. An der Frage können Sie schon erkennen, dass die Verantwortung für Probleme und Dysfunktionalität des Teams schnell an andere delegiert wird. Fragt man Führungskräfte, klagen diese über die Motivation ihrer Mitarbeiter, umgekehrt Mitarbeiter über die mangelnde Motivation oder Leitung durch die Führungskraft.

Aber macht es Sinn, wenn man nur nach Schuldigen sucht, wenn die Teamarbeit nicht klappt? Ist es nicht viel sinnvoller, dass Teams sich daran orientieren: *„Was schaffen wir, wenn wir gemeinsam arbeiten?“* Selten hat ein Team die Möglichkeit, das ideale Wunschteam selbst zusammenstellen zu können. Genauso wenig haben Mitarbeiter die Möglichkeit, sich ihre ideale Führungskraft auszusuchen. Deshalb ist Teamarbeit auch immer erst einmal ein Akzeptieren von betrieblichen, persönlichen und menschlichen Realitäten.

Gute Teamarbeit gestaltet sich nicht von selbst, sondern ist das Ergebnis konstruktiver Zusammenarbeit aller Beteiligten und der Führungskraft. Teamarbeit sollte dabei immer ein konkretes Ziel verfolgen und von utopischen Wunschvorstellungen befreit sein. Teamarbeit braucht immer den Bezug zu den realen Grundlagen und Anforderungen der Einrichtung und des Unternehmens. In jedem Unternehmen kann Teamarbeit, wenn sie wirklich gewollt ist, erfolgreich gestaltet werden. Es ist aber notwendig, sich dafür auf einen oft auch anstrengenden langen, aber auch lohnenden Weg zu machen. Der Erfolg des Teams wird dabei immer durch das Ergebnis bestimmt, das das Team gemeinsam erreicht hat.

Gute Teamarbeit braucht Führungskräfte, die ihr Team zum Erfolg führen können. Es braucht aber auch Teammitglieder, die sich zu diesem Erfolg führen lassen und sich dafür auch engagieren wollen. Erfolgreiche Teamarbeit verwirklicht Ziele, die der Einzelne nie erreicht hätte. Der Erfolg stellt sich jedoch nicht von allein in der Teamarbeit ein, sondern erfordert die Verantwortung, das Engagement und die Motivation aller Teammitglieder und Führungskräfte, die Teamentwicklung zu fördern.

Was ist ein Team?

„Letzten Endes kann man alle wirtschaftlichen Vorgänge auf drei Worte reduzieren: Menschen, Produkte und Profite. Die Menschen stehen an erster Stelle. Wenn man kein gutes Team hat, kann man mit den beiden anderen nicht viel anfangen."

*Lee Iacocca (*1924), amerik. Topmanager, 1979–1992 Vorstandsvors. Chrysler Corp.*

Was genau ist nun ein Team? Die Klärung der Begrifflichkeit kann schon der erste Schritt in die weitere Teamentwicklung sein.

Nach Christopher Mabey and Sally Caird werden Teams über folgende Hauptkriterien definiert:

- Ein Team hat mindestens zwei Mitglieder.
- Die Mitglieder tragen zur Erreichung der Teamziele mit ihren jeweiligen Fähigkeiten und den daraus entstehenden gegenseitigen Abhängigkeiten bei.
- Das Team hat eine Team-Identität, die sich von den individuellen Identitäten der Mitglieder unterscheidet.
- Das Team hat Kommunikationspfade sowohl innerhalb des Teams als auch zur Außenwelt entwickelt.
- Die Struktur des Teams ist aufgaben- und zielorientiert beschrieben.
- Ein Team überprüft periodisch seine Effizienz.

(Christopher Mabey and Sally Caird, 1999, Building Team Effectiveness, Open University, Milton Keynes, ISBN 0-7492-9553-8, Seite 7 ff.)

Überprüfen Sie, ob das Team, in dem Sie arbeiten oder das Team, das Sie führen, diese Kriterien erfüllt! Wir betrachten die Kriterien noch etwas näher, dann folgt eine Übung zu dieser vorgeschlagenen Bestandsaufnahme.

- Teamarbeit ist die Zusammenarbeit einer Gruppe von Personen, um ein gemeinsames Ziel zu erreichen.
- Teamarbeit ist oft ein Merkmal alltäglicher Arbeit und wird zunehmend zur Durchführung spezieller Projekte eingesetzt, wobei Personen aus unterschiedlichen Funktionsbereichen, Abteilungen oder Disziplinen zusammenkommen.
- Ein Team sollte idealerweise aus Personen bestehen, deren Fähigkeiten sich komplementär ergänzen.

(ebenfalls nach Mabey/Caird)

Merkmale, die ein Team braucht:

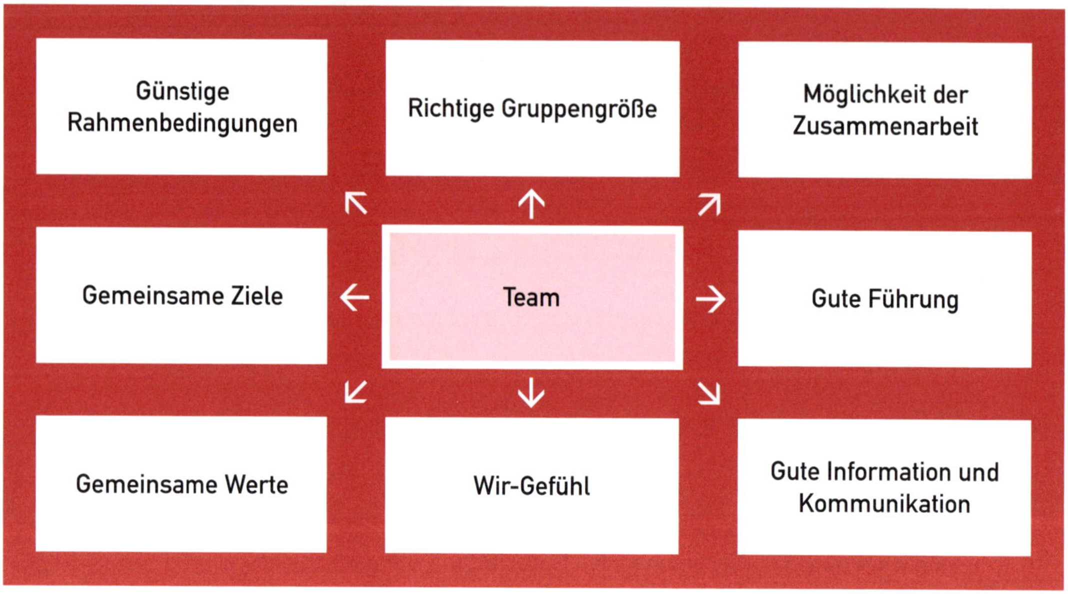

Übungen

1. An welchem Punkt erfüllt Ihr Team am wenigsten die Kriterien für ein Team?

___

___

___

2. Was zeichnet Ihr Team aus? Beschreiben Sie die fünf wichtigsten Stärken Ihres Teams!

___

___

___

3. Welchen Entwicklungsbedarf hat Ihr Team? Beschreiben Sie die Bereiche, in denen Ihr Team noch Entwicklungspotenziale hat!

___

___

___

Auf die Teamfähigkeit der Mitarbeiter achten

Ein Team ist erst einmal die Summe der Persönlichkeiten und Fähigkeiten der Teammitglieder.

Damit sollten Mitarbeiter im Team natürlich alle Eigenschaften besitzen, die jeden guten Mitarbeiter und jede gute Mitarbeiterin auszeichnen. Dazu gehören Fachkenntnisse und Erfahrungen im Aufgaben- und Arbeitsgebiet.

Es gibt aber auch Eigenschaften, die speziell für die Arbeit im Team wichtig sind. An erster Stelle steht dabei die Bereitschaft, im Team zu arbeiten.

Grundsätzlich lassen sich drei verschiedene Grundhaltungen unterscheiden:
- individualistische Einstellung
- konkurrierende Einstellung
- kooperative Einstellung

Am besten für Teamarbeit sind Mitarbeiter geeignet, die sich kooperativ verhalten und gerne mit anderen zusammenarbeiten. Gute Teamarbeiter sind offen für Vorschläge und tolerant gegenüber den Ansichten anderer.

Weitere Eigenschaften der Teamfähigkeit sind also:

- Eine gute Motivation, im Team mitzuarbeiten, und eine positive Einstellung zur Teamarbeit

  Ein Team benötigt zwar auch qualifizierte Experten, aber wenn diese bevorzugt für sich allein arbeiten und sich durch Teamsitzungen eher aufgehalten fühlen, bringen sie die Teamarbeit nicht voran.

  Der Teamleiter und alle anderen im Team sollten auch auf Teammitglieder mit einer stark konkurrierenden Einstellung achten, und dies vor allem dann, wenn sie das Team als Forum für eine starke Selbstdarstellung nutzen. Ziel muss sein, sie möglichst gezielt ins Team zu integrieren.

  Ebenso ist auf Teammitglieder zu achten, die sich mit ihrer mangelnden Motivation hinter der Leistungsbereitschaft anderer Teammitglieder verstecken.

- Kreativität und Neugier

  Ein Teammitglied, das immer wieder dieselben Vorschläge vorträgt, ohne zwischenzeitlich getauschte Argumente zu berücksichtigen, bringt das Team nicht voran. Ein gutes Teammitglied lässt sich auf Ideen anderer ein und zeigt neue Aspekte und andere Blickwinkel auf.

- Kritikfähigkeit

  In jedem Team gibt es Auseinandersetzungen. Diskussionen werden dabei im Eifer des Gefechts durchaus unsachlich oder sogar persönlich. Solche Situationen müssen aufgearbeitet werden. Kritikfähigkeit ist eine wichtige Eigenschaft von Teammitgliedern.

- Lernfähigkeit und Lernbereitschaft
  Mitarbeiter müssen bereit sein, sich nicht nur die notwendigen fachlichen Kenntnisse, sondern auch soziale und methodische Kompetenzen anzueignen.

Besonders wichtig für eine erfolgreiche Mitarbeit im Team sind die vier K:

1. Kooperationsvermögen
2. Kommunikationsfähigkeit
3. Konsensfähigkeit
4. Kritikfähigkeit

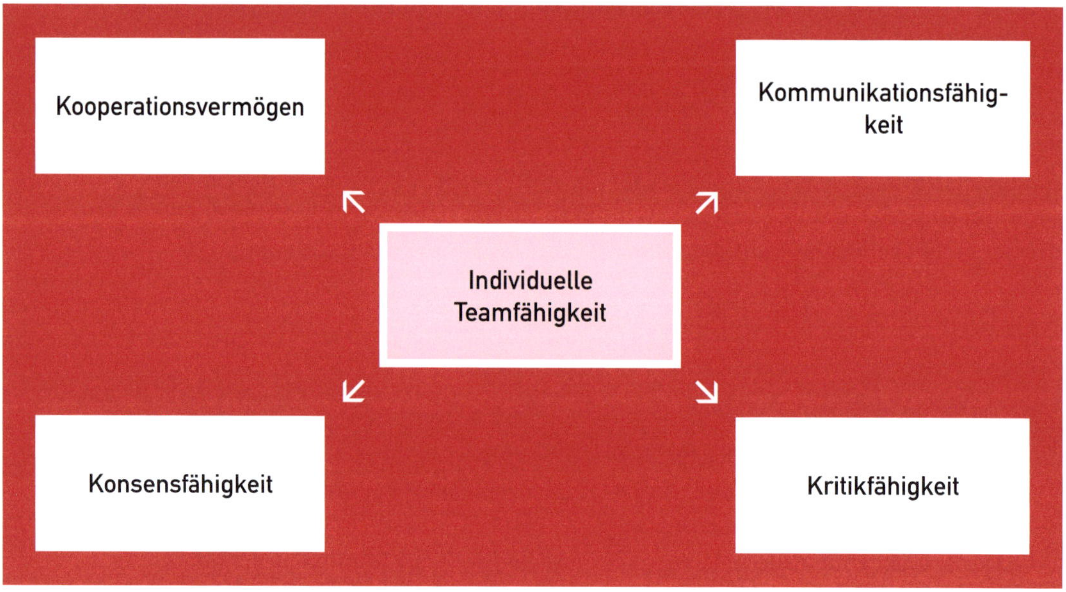

(vgl. Jünger: Train Tools Teamtraining)

Die Rahmenbedingungen in der Teamarbeit müssen stimmen. Teamarbeit ist nur begrenzt möglich, wenn die Anzahl der Mitarbeiter zu groß wird, wenn die Art der Aufgabe keine Arbeit im Team zulässt oder wenn äußere Gegebenheiten schwierig sind, etwa wenn Mitarbeiter sehr häufig wechseln.

Vonseiten der Mitarbeiter muss das Interesse an einer guten Zusammenarbeit vorausgesetzt werden können. Von der Persönlichkeit her sollten die Mitarbeiter geeignet sein, sich für die gemeinsame Aufgabe zu engagieren und dies auch wollen.

Nicht jede Gruppe, die zusammenarbeitet, ist in der Lage, sich zu einem Team zu entwickeln. Beispielsweise bei eingefahrenen, hierarchisch strukturierten Arbeitsabläufen und ausgeprägtem Spezialistentum kann es schwierig sein, die Mitarbeiter zu einem Team zusammenzuführen.

Ziele in der Teamarbeit

3

**„Dem weht kein Wind,
der keinen Hafen hat, nach dem er segelt."**

*Michel de Montaigne (1533–92),
frz. Schriftsteller, Essayist u. Philosoph*

Teamarbeit braucht Ziele. Ein Team muss wissen, wie es seine Energie ausrichtet. Erst wenn ich mein Ziel kenne, weiß ich, wohin ich meine Arbeit ausrichten muss.

Was ist zuerst vorhanden, das Ziel oder das Team? Im Sport wird zuerst das Ziel definiert und dann wird das passende Team zusammengestellt. Diese Reihenfolge ist eine optimale Situation. Beispielsweise beim Fußball wird dann versucht, die besten Fußballspieler zu kaufen, die den sportlichen Erfolg des Vereins garantieren sollen. Eigentlich wären dies ideale Voraussetzungen für erfolgreiches Arbeiten. Wir alle wissen, dass dies auch im Fußball nur bedingt funktioniert, da ein Wunschkandidat evtl. noch bei einem anderen Verein unter Vertrag steht, der Spieler zu teuer ist oder andere Teams einfach mehr geboten haben oder die besten Spieler nicht als Team zusammenpassen.

Im Arbeitsleben haben wir meist eine andere Situation. Man versucht in der Regel, das Ziel mit Menschen zu erreichen, die verfügbar sind. Dabei ist es oft so, dass ein vorhandenes Team zusätzliche neue Aufgaben bekommt. Aufgaben, die sich immer wieder neu an den Unternehmenszielen oder den Zielen der sozialen Einrichtung orientieren müssen. Dabei wird nicht gefragt, ob zu der neuen Aufgabe auch das Team passt, sondern die Erwartungen sind vielmehr, dass sich das Team der neuen Aufgabe und der Zielvorgabe anpasst.

Dabei hätten es viele Teams lieber, dass ihnen ihren Fähigkeiten entsprechend auch die richtige Teamaufgabe mit dem passenden Ziel gestellt würde. Dies ist eine Erwartung, der sehr selten entsprochen wird. Vielmehr ist es wichtig einzuschätzen, ob ein Team das gesteckte Ziel erreichen kann oder ob die Aufgabe zu groß oder zu schwierig ist, sodass das Team mehr blockiert wird, als zur eigentlichen Aufgabenbewältigung zu kommen.

Was kann ich also von meinem Team erwarten, was ist leistbar, wo braucht es Unterstützung und Förderung, was würde die Zielorientierung und somit den Erfolg unterstützen? Das sind Fragen, die sich jeder stellen und beantworten muss, der einem Team einen Auftrag gibt.

Jeder Einzelne im Team muss sich ebenso selbst die Frage stellen: Was ist mein Beitrag zum Erfolg unserer gemeinsamen Leistung? Teamarbeit ist das Einbeziehen aller Beteiligten, um das angestrebte Ziel zu erreichen. Das ist letztendlich die hohe Kunst: Teamarbeit so zu gestalten, dass jeder seine Aufgabe kennt, die notwendigen Fähigkeiten einbringt und dann das reale Ergebnis den Zielvorstellungen entspricht.

In der Welt des Sports ist das für uns leicht vorstellbar, aber wie ist es in einem sozialen Unternehmen, zum Beispiel einem Krankenhaus oder einem Altenheim? Sehr lange Zeit sahen sich Sozialorganisationen als Orte, an denen die soziale Aufgabe völlig im Vordergrund stand. Die Einrichtungen brauchten nicht wirtschaftlich ausgerichtet zu sein bzw. sollten es nicht sein, und dementsprechend gab es wenig Arbeitsdruck.

Diese Situation hat sich spätestens seit den 80er-Jahren des letzten Jahrhunderts geändert. Bis heute haben Menschen den Berufswunsch, für Menschen da zu sein und sie wollen frei von Zielvorgaben, Leistungsorientierung und wirtschaftlichen Zwängen arbeiten und hoffen, einen solchen Arbeitsort zu finden. Letztendlich sind aber inzwischen alle Unternehmen und auch die sozialen Organisationen an Zielen orientiert, die sie zum Beispiel in Leitbilder fassen und mit wirtschaftlichen Rahmenbedingungen versehen, die systematisch verfolgt werden. Die Anforderungen werden daran angepasst und die Ergebnisse müssen „stimmen“. Es gibt keine Organisation mehr, die nicht an ihrem Ergebnis gemessen wird, egal ob es Profit-Organisationen oder sogenannte Non-Profit-Organisation sind. Überall wird erwartet, dass die Menschen, die dort arbeiten, ihren Beitrag zum Gelingen und zum Erfolg der gesamten Organisation leisten. Das ist die normale Situation und muss bei der Aufstellung, Beauftragung und Führung von Teams beachtet werden. Dass heute vielerorts sogar großer Arbeitsdruck und Hektik, zum Beispiel bei Unterbesetzung, herrschen, ist noch ein ganz anderer Aspekt, der sich zweifellos auch auf den Umgang innerhalb des Teams und mit dem Team niederschlägt. Darauf kommen wir später beim Thema „Konflikte“ zurück.

Das gesteckte Ziel erreicht man auch mit einem guten Team nur, wenn jeder weiß, was seine Aufgabe ist, woran gearbeitet wird, wie die terminlichen, konzeptionellen und inhaltlichen Erwartungen sind.

Nur in dem Team, in dem die richtigen Dinge getan werden, ist das Erreichen des Ziels möglich.

Erfolgreiche Teamarbeit verlangt nach Klarheit über Ziele, Begeisterung für die Aufgabe, den konstruktiven Umgang mit Problemen und die Fähigkeit, sich kritisch und umsichtig den Herausforderungen dieser Aufgabe stellen zu können. Machen Sie eine Bestandsaufnahme, schätzen Sie Ihr Team diesbezüglich ein.

Übungen

1. Nennen Sie die drei wichtigsten Ziele Ihres Teams!

___

___

___

2. Tragen Sie auf einer Skala von 1–10 die Begeisterungsfähigkeit Ihres Teams für seine Ziele und Herausforderungen ein! Dabei ist 1 ist der niedrigste Wert und 10 ist der höchste Wert.

1 2 3 4 5 6 7 8 9 10

wenig Begeisterung — sehr hohe Begeisterung

3.1 Ziele machen Teamarbeit erst möglich

„Ziele sind Träume mit Termin."

Dame Ellen MacArthur
Britische Rekordseglerin, die für ihre Leistung der schnellsten Einhand-Weltumseglung geadelt wurde

Die Ziele der Teamarbeit werden durch die Perspektive bestimmt, aus der sie betrachtet werden.

Beispiel
Im Team eines kirchlichen Kindergartens wird ein Sommerfest geplant. Die Leitung stellt sich das Fest als Teil der Öffentlichkeitsarbeit der Tageseinrichtung vor. Der Pastor möchte, dass der Kindergarten damit einen Teil der Gemeindearbeit leistet. Ein Teil des Teams möchte das Fest vorrangig für die Kinder attraktiv gestalten. Einige Erzieherinnen möchten das Fest als Beitrag für verschiedene Nationen im Stadtteil sehen.

Über die Aufgabenstellung des Festes wird daher kontrovers diskutiert und eine Einigung über die Form der Ausrichtung ist schwierig. Fragt man die Mitarbeiter nach den Zielen der Teamarbeit, erhält man viele verschiedene Antworten. Die Leitung des Teams hat darüber hinaus andere Zielvorstellungen für das Sommerfest als das Team.

Man kann sich dieses Beispiel genauso gut für ein Seniorenwohnheim oder noch eine andere soziale Einrichtung vorstellen.

Bei den Zielen der Teamarbeit kommt es daher immer auf die individuelle Perspektive an, sie bestimmt das Engagement, mit dem man sich für die Erfüllung der Ziele einsetzt. In vielen Teams werden Ziele individuell definiert, sie sind aber selten dem Team bewusst. Aufgrund unterschiedlicher, individueller Zielverfolgung in der Arbeit kann dies zu latenten, oft unterschwellig laufenden Konflikten führen. Diese äußern sich dann auf allen Ebenen der Zusammenarbeit, so zum Beispiel in den Teambesprechungen, beim Einbringen neuer Themenschwerpunkte, in der Erledigung von Teilaufgaben, in der Dynamik der Diskussion über das Sommerfest usw.

Erst wenn die unterschiedlichen Perspektiven auf die Ziele der Teammitglieder bekannt und bewusst sind, ist es möglich, sich darüber auszutauschen, das Teamhandeln darauf auszurichten.

Das oberste Ziel eines Teams ist es, die Aufgaben erfolgreich zu erfüllen. Für die Kita bzw. eine andere soziale Einrichtung reicht es nicht aus, dass das Sommerfest besonders schön gestaltet wird und dass die Mitarbeiter/-innen teamorientiert und mit Begeisterung das Fest vorbereiten. Sondern von ihnen wird auch erwartet, dass sie sich so für die Einrichtung einsetzen, dass Kinder und Eltern (bzw. Senioren und Angehörige) und Träger gleichermaßen mit der Gestaltung des Festes zufrieden sind. Es ist dabei erforderlich, dass sich alle mit dem Fest identifizieren und sich entsprechend engagieren.

Richtig gut ist nur, wer am richtigen Platz sein Bestes gibt und über ausreichendes Können verfügt, um das gemeinsame Ziel zu erreichen.

Teamarbeit bedeutet, sich zu engagieren, auch wenn dabei persönliche Ziele zurückgesteckt werden müssen. Wichtig ist, dass wie in unserem Beispiel der Erfolg des Sommerfestes für die Kita gesichert werden muss und dass dies das Anliegen aller Beteiligten ist.

Die Aufgabe muss darüber hinaus rechtzeitig und effektiv erfüllt werden. Das Ziel in der Aufgabe bestimmt die Zusammenarbeit im Team. Leider habe ich häufig auch das Gegenteil erlebt, das sich in der Haltung äußert: Wir sind ein Team, schauen wir mal, wie weit wir kommen. Klären Sie deshalb die Ziele in Ihrem Team frühzeitig, damit das Team die Möglichkeit hat, an einem Strang zu ziehen.

Dem Team Orientierung zu geben liegt in der Verantwortung der Führungskraft. Sie gibt diese Orientierung auf eine teamorientierte Weise, d.h. als Erste unter Gleichen führt sie mit Zielen. Das setzt voraus, dass sie ihr Team kennt, Arbeits- und Kommunikationsabläufe überblickt und konstruktiv und lösungsorientiert die Zusammenarbeit der Teammitglieder fördert. Ziele, die für das Team herausfordernd und erreichbar sind, brauchen eine Vision.

Wenn ich mir ein wunderschönes Sommerfest in einer Kita vorstellen kann, dann komme ich der Vorstellung von meinem Ziel schon näher und ich weiß, was ich dafür noch alles leisten muss, um dieses Ziel zu erreichen. Wenn ich dabei auch bedenke, dass trotz perfekter Vorbereitung auch das Ziel in einem bestimmten Zeitrahmen erreicht werden soll, so ist es vorteilhaft, wenn ich darauf achte, dass das Sommerfest frühzeitig terminiert und vorbereitet wird, sodass ich es nicht zu einer Weihnachtsfeier umetikettieren muss. So wird der Satz von Ellen MacArthur verständlich: Ziele sind Träume mit Termin.

Konkrete Ziele sind erreichbar 3.2

Das Führen mit Zielen durch die Teamleitung bedeutet nicht automatisch die Vorgabe fertiger Ziele, sondern je nach den Rahmenbedingungen und der Situation erarbeitet das Team die Ziele. Diese leiten sich ggf. von übergeordneten Zielen der Einrichtung ab. In jedem Fall müssen Ziele für Teammitarbeiterinnen und -mitarbeiter immer sehr konkret beschrieben werden. So erhalten alle eine Vorstellung von dem, was zu erreichen ist.

Machen Sie dabei einzelne Schritte auf dem Weg zum Ziel durch Teilziele (Meilensteine) deutlich. So weiß jeder im Team immer, wie weit der Weg zum Ziel noch ist und welche Schritte bis dahin noch zu gehen sind.

Ziele schaffen Transparenz und geben Orientierung
Ziele können geradezu einen Zauber erzeugen: Wer große, für die Gemeinschaft wichtige Ziele verfolgt und sie überzeugend vermitteln kann, wird manchmal erleben, wie sich im rechten Augenblick Mitstreiter finden, die daran mitarbeiten und aus Plänen Wirklichkeit werden lassen.

Ziele können zur Leistung motivieren
Vereinbart man mit einer Mitarbeiterin / einem Mitarbeiter ein sehr konkret formuliertes Ziel, so wird er/sie in der Regel eine größere Leistung erbringen, als wenn man mit jemandem nur vage verabredet, er möge „sein Bestes" geben. Konkrete Ziele geben dem Handeln eine energievolle Richtung.

Ein Ziel ist die konkrete Beschreibung eines gewünschten Zustandes zu einem festgelegten günstigen Zeitpunkt.

Ziele sollten immer „smart" formuliert werden, das heißt:

S = spezifisch	Ziele müssen eindeutig definiert sein (nicht vage, sondern so präzise wie möglich)
M = messbar	Ziele müssen messbar sein (Messbarkeitskriterien)
A = akzeptiert	Ziele müssen von den Empfängern akzeptiert werden/sein (auch: angemessen, attraktiv, ausführbar oder anspruchsvoll)
R = realistisch	Ziele müssen möglich sein
T = terminiert	zu jedem Ziel gehört eine klare Terminvorgabe, bis wann das Ziel erreicht sein muss

Auf der folgenden Seite ist eine Checkliste abgedruckt, die dabei hilft, die Schritte zum Erstellen und Verfolgen von Zielen in einem Team zu konkretisieren.

Mithilfe dieser Checkliste können Sie Ihre Teamziele genau festlegen. Wichtig ist dabei, dass die Ziele so konkret wie möglich beschrieben werden, das gilt auch für die Untergliederung der Teilziele. Achten Sie darauf, dass Ihre Ziele auch wirklich erreichbar sind. Zu viele Ziele zum gleichen Zeitpunkt oder Ziele, die zwar wünschenswert wären, aber realistisch betrachtet nicht erreichbar sind, können schnell überfordern und produzieren so nur Enttäuschungen. Wenn Sie einen Termin für Ihr Ziel festlegen, planen Sie auch immer Pufferzeiten ein.

In der Arbeit in sozialen Organisationen ist es völlig normal, dass Unvorhergesehenes Ihren Zeitplan beeinflussen und verändern wird. Wie schnell wirft eine Erkrankung oder eine kurzfristig anberaumte Aufgabe einen engen Zeitplan durcheinander. Kalkulieren Sie solche „Störungen" in Ihren realistischen Zeitplan mit ein.

Als Faustregel gilt: Verplanen Sie maximal 60% der zur Verfügung stehenden Zeit, damit Sie mit den anderen 40% Ihrer Zeit flexibel reagieren können und nicht durch permanenten Arbeitsdruck Ihre wichtigen Ziele aus den Augen verlieren.

Teamziele

(Darstellung orientiert an Jünger: Train Tools Teamtraining)

Nr.	Ziel	Teilziele	Wann	Priorität	Zeitaufwand	Wer	Erfolg
	Konkrete Beschreibung	Konkrete Beschreibung	Termin	A,B oder C	Mitarbeiter-Std. bzw. -Tage	Personen/ Namen	Konkrete Beschreibung des geplanten Ergebnisses
1							
2							
3							
4							
5							
6							
7							
8							
...							

3.3 Prioritäten der Ziele festlegen

Man legt zunächst den genauen Termin des Ziels fest.
Danach sollten die Prioritäten des Ziels festgelegt werden.

Priorität A	Ziele, die sehr wichtig und dringlich sind, Ziele von großer Bedeutung und Ziele, die keinen Aufschub dulden; hierzu gehören auch fest terminierte Tagesziele.
Priorität B	Ziele, die wichtig sind, aber in ihrer Bedeutung zeitlich noch variabler sind; hierzu gehören auch Wochen- oder Monatsziele.
Priorität C	Ziele, die wünschenswert wären, aber zeitlich noch aufgeschoben werden können; hierzu gehören auch Jahresziele.

Gleichzeitig ist zu kalkulieren, wie hoch der **zeitliche Aufwand** für die Mitarbeiter ist! Was können sie neben ihren sonstigen üblichen Aufgaben für die Zielerreichung an Zeit erübrigen? Das Zeitmanagement bei der Zielerreichung wird immer wieder durch täglich anfallende Aufgaben, Ausfall von Kollegen oder durch die Veränderung der Prioritäten beeinflusst.

Die wenigsten Teams haben Zeitvorräte, die Regel ist vielmehr, dass die Arbeit so verdichtet ist, dass geringste Störungen den Zeitplan bremsen oder gar aushebeln. Das ist ähnlich wie auf einer dicht befahrenen Straße: Der Verkehr läuft trotz hoher Dichte, aber wenn kleine Störungen auftreten, können diese bereits große Staus verursachen. Wir alle kennen Situationen, bei denen der Stau auf einmal zu Ende ist und wir uns nicht erklären können, warum der Verkehr ins Stocken geraten war.

Ähnliche Phänomene blockieren auch Arbeitsabläufe. Wer hat sich nach einem vollgedrängten Arbeitstag nicht auch schon einmal gefragt: Was habe ich heute eigentlich wirklich geschafft? Das Gefühl, den ganzen Tag voll beschäftigt gewesen zu sein, aber gleichzeitig nichts oder zumindestens zu wenig geschafft zu haben, schleicht sich dann ein. Wir finden das „Stauproblem" auch in der Bewältigung unserer Arbeitsabläufe immer wieder.

Daher ist auch bei der Aufgabenbewältigung die Frage zu stellen: Wie kann der Arbeitsfluss effektiv erhalten bleiben? Im Verkehr überlegt man sich nach Möglichkeit auch schon vor der Fahrt, welche alternativen Routen oder anderen Fahrtzeiten man wählen kann, um den Stau zu vermeiden. Genauso sollte es Alternativen und Zeitpuffer bei der Erledigung von Aufgaben geben.

Ziele richtig planen

Bei der Aufgabenverteilung für ein bestimmtes Ziel ist es sinnvoll, sich einige Fragen zu beantworten, mit denen man analysieren kann, wie sich der Arbeitsfluss in Gang halten lässt.

Um eine solche Analyse des zu erwartenden Arbeitsflusses zu erstellen, sind folgende Fragen hilfreich, die eine Variante der sogenannten W-Fragen darstellen (W-Fragen sind konkret und verlangen eindeutige Antworten):

- **Welche** Folgen hat es, wenn das Ziel nicht erreicht wird?
- **Welches** Ergebnis soll auf jeden Fall erreicht werden?
- **Wie** können sich die beteiligten Personen mit dem Ziel identifizieren?
- **Wer** ist bereit und in der Lage, sich für das Ziel zu engagieren?
- **Welche** Bereiche des Teams sind in der Lage, die Mehrbelastung, die für die Zielerreichung entsteht, auszugleichen?
- **Wer** ist von seinen Kompetenzen und zeitlichen Ressourcen in der Lage, sich an der Aufgabenerfüllung für das Ziel zu beteiligen?
- **Wird** im Team beim Auftreten von Störungen in der Zielerreichung gemeinsam nach einer Lösung gesucht?
- **Werden** mehrere Personen für die Aufgabe benötigt, sollte auch die Frage nach der Kooperationsbereitschaft und -fähigkeit der Mitarbeiter gestellt werden. Wie gut kooperieren die beteiligten Personen voraussichtlich bei der Aufgabenerfüllung?
- **Was** könnte die Zielerreichung sonst noch beeinflussen?
- **Welche** äußeren Einflussfaktoren sind schon in der Vorbereitung steuerbar?

Der Erfolg wird durch das Ergebnis bestimmt. Umso konkreter das gewünschte Ergebnis, also das Ziel beschrieben wird, umso leichter ist der Erfolg auch messbar.

Erst wenn genau beschrieben worden ist, was erreicht werden soll, ist es möglich, Investitionen, den materiellen und zeitlichen Aufwand, zu benennen. Danach kann erst entschieden werden, ob die Zielübernahme realistisch und praktisch möglich ist. Wird die Einschätzung der Realisierung gleich an den Anfang gestellt, sind wichtige Vorüberlegungen schnell abgewürgt und Diskussionen über das Erreichen des Ziels blockiert.

Fortführung Beispiel

Wir greifen das Beispiel der Kita (bzw. des Seniorenwohnheims) auf, die ein Sommerfest plant (Seite 18).Zur Erinnerung: Dies wurde unter den Beteiligten kontrovers diskutiert. Die Betreffenden müssen also nun genau überlegen, welches Ziel das Sommerfest haben soll, wobei die Abarbeitung der entsprechenden Fragen hilft. Im Folgenden ist zusammengestellt, welche Ziele und welche Aufgaben daraus dann im Detail abgeleitet werden. Zum Beispiel ...

Beschreibung der Ziele

- Das Sommerfest soll Kindern und Eltern Spaß machen (bzw. den Senioren und ihren Angehörigen).
- Das Team möchte seine Arbeit erlebnisorientiert und professionell darstellen.
- Das Fest soll ein Teil lebendiger kirchlicher Gemeindearbeit sein, die für die Öffentlichkeit sichtbar wird.
- Das Fest soll auch als Teil der kulturellen und kirchlichen Vielfalt im Stadtteil wahrgenommen werden.

Teilziele

Während die übergreifenden Ziele weitgehend allgemeiner gehalten sind, werden die Teilziele konkret für die Einrichtung abgeleitet, beispielsweise für die Kita:

- In der Kita werden erlebnisorientierte Spiele geplant, an denen auch die Eltern die Möglichkeit haben, sich aktiv zu beteiligen.
- Die Spiele müssen moderiert und betreut werden.
- Familienorientierung des Trägers soll deutlich werden.
- Vertreter der Kirche und Vereine sollen beteiligt werden und sind daraufhin rechtzeitig anzusprechen und aktiv in die weitere Planung miteinzubeziehen.
- Die Presse soll berichten und ist daher rechtzeitig zu benachrichtigen.

(Es soll Ihnen als Leser/-in überlassen bleiben, das Beispiel gedanklich auf andere soziale Einrichtungen zu übertragen: z.B. ein kulturelles Programm im Seniorenwohnheim, woran sich Bewohner/-innen auch selbst beteiligen können usw.)

Weitere Aufgaben

- Räume, technische Ausstattung, Materialien und Verpflegung müssen organisiert werden.
- „Helfende Hände" sollten frühzeitig angesprochen werden.
- Usw.

Terminplan festlegen

- Wann soll das Sommerfest stattfinden? Kollidiert der Termin mit anderen Veranstaltungen in der Gemeinde oder mit Großereignissen (z.B. Ferienzeiten, Urlaubsplanungen, Sportveranstaltungen, Schützenfeste, Stadtfeste, kulturelle Angebote usw.)?
- Können der Pfarrer (bzw. bei anderen Trägern z.B. der Bürgermeister oder Bezirksvertreter) und andere wichtige Trägervertreter an diesem Termin teilnehmen?
- Festablauf planen (Programmpunkte, Begrüßung der Gäste usw.).

Aufwand und Finanzen

- Wie hoch ist der zeitliche Aufwand für die Planung und Vorbereitung?
- Wie hoch sind die Kosten für Material und Verpflegung?
- Mit welchen Einnahmen ist zu rechnen?
- Wie hoch ist der zeitliche Aufwand bei der Durchführung?
- Wie hoch ist der zeitliche Aufwand bei der Nachbereitung?

Priorität festlegen und Puffer eindenken

- Das geplante Sommerfest hat im Januar noch eine Priorität im B-Status. Wenn der Termin des Festes für Mitte Juni geplant ist, dann wechselt das Sommerfest spätestens in der ersten Mai-Woche auf einen A-Status. Das bedeutet, dass es z.B. in den wöchentlichen Teamsitzungen auf der Themenliste ganz oben steht und die Aufgaben, die sich aus den Unterzielen ergeben, konkret abgearbeitet werden müssen.
- Der Aufwand für die Vorbereitung auf das Sommerfest sollte schon mit den dafür notwendigen Pufferzeiten eingeschätzt werden, damit Kolleginnen und Kollegen, die hier Arbeitszeit investieren, evtl. in anderen Bereichen entlastet werden. Auch das ist zu organisieren und mit den Beteiligten rechtzeitig abzusprechen.

Personen festlegen

- Wer hat Erfahrung in der Organisation von Festen?
- Wer kann sich für das kreative Entwickeln neuer Spielideen begeistern?
- Wer arbeitet erst in der Schlussphase der Vorbereitungen auf das Fest mit?
- Wie werden die Rollen am Tag der Durchführung verteilt?
- Wer kann den möglichen Doppelbelastungen in der Vorbereitungsphase am besten bzw. am wenigsten standhalten?

Erfolg festlegen, zum Beispiel ...

- Wenn 50% der Eltern sich mit ihren Kindern am Sommerfest beteiligen.
- Wenn Eltern und Kinder aus der Gemeinde das Fest aktiv mit Spiel und Spaß gestaltet haben.
- Wenn der Pfarrer und die anderen Trägervertreter sich aktiv mit einbringen und die Kontakte zu den Eltern intensiviert werden konnten.
- Wenn das Team des Kindergartens in der Arbeit mit den Kindern und im Kontakt zu den Eltern positiv erlebt wird.
- Wenn in der Zeitung und auf der Homepage des Kindergartens ein Artikel veröffentlicht wird.
- Wenn das Team in der Vorbereitung und in der Durchführung des Festes gut zusammengearbeitet hat.
- Wenn sich alle mit den Zielen des Festes identifizieren konnten und der Teamgeist durch das gemeinsame Engagement weiter gestärkt wurde.

Auch hier können Sie wieder überlegen, welche Kriterien in anderen Sozialeinrichtungen sinnvoll sind. Einige Kriterien wie die öffentliche Resonanz (Presse) und die gute Zusammenarbeit des Teams treffen überall zu. Beispielsweise in einem Seniorenwohnheim kann ein Kriterium sein, das Fest so zu gestalten, dass auch für nicht mehr mobile Bewohner/-innen durch entsprechende Begleitung eine Teilnahme möglich wird. Je nach Ziel wird das Fest mit dem Tag der offenen Tür kombiniert, der Nachbarn Einblick in die Arbeit gibt, Ehrenamtsinteressierte werben soll und Interessenten an einem Wohnplatz eine erste persönliche Kontaktmöglichkeit gibt.

Generell gilt: Diese Art der Planung erleichtert die Zielerreichung. Der Erfolg der Maßnahme kann gemessen und in seiner Wirkung bilanziert werden. Danach ist auch der Aufwand im investiven Bereich und im Personaleinsatz kalkulier- und bilanzierbar.

Übung

Erfassen Sie mit den hier gezeigten Möglichkeiten ein aktuelles Ziel in Ihrem Team und stellen Sie sich vor, wie sich das Erreichen des Ziels (und seiner Teilziele) auf das Team auswirkt!

____

____

____

3.5 Mitarbeiterziele in der Teamarbeit

„Vom Ziele haben viele Menschen einen Begriff, nur möchten sie es gerne schlendernd auf Promenaden erreichen."
Johann Wolfgang von Goethe (1749–1832), dt. Dichter

Mitarbeiter verfolgen natürlich neben dem beschriebenen Teamziel auch ihre persönlichen Ziele. Sie möchten erfolgreich sein, gefragt sein, sie möchten ihre Kompetenz darstellen können, sie möchten sich aber auch vielleicht nur die schöneren Arbeitsanteile sichern oder sie sind bemüht, sich selbst nur positiv darzustellen, weil sie sich auf ihre Karriere fokussieren. Sie arbeiten vielleicht nur mit, weil sie zufällig in diesem Team gelandet sind und keine Alternative hatten. Man könnte diese Liste noch weiterführen und das alles sind Aspekte, die der Teamleitung durch den Kopf gehen. Wenn Sie zu einem dieser Aspekte als Teammitglied betroffen sind, hören Sie hier vielleicht latent einen Vorwurf heraus. Das ist so nicht gemeint, denn aus Ihrer Sicht gibt es für Ihr Verhalten mit Sicherheit eine Begründung.

Wichtig ist an dieser Stelle einfach, dass allen bewusst ist, dass jeder mit seiner Arbeit im Team auch immer ein persönliches Ziel verfolgt. Verkürzt und auf Grundmotive heruntergebrochen geht es für den einen um den reinen Broterwerb, also das Geldverdienen, für den anderen ist besonders wichtig, durch die Kolleginnen und Kollegen soziale Akzeptanz zu erfahren.

Für die Teamleitung gilt es, die vorhandenen Potenziale und Motivationen der Mitarbeiterinnen und Mitarbeiter zu fördern, ihre Stärken zu kennen und ihre Bedürfnisse zu akzeptieren.

Anschaulich wird dies an einem Modell von Werner Correll, an dieser Stelle anhand einer Grafik von Prof. Nieschmidt dargestellt:

Was suchen Mitarbeiter im Beruf?

Warum jemand in diesem oder einem anderen Betrieb arbeitet, ist oft durch den äußeren Rahmen entschieden: ein kurzer Weg zum Arbeitsplatz, das Bedürfnis nach Vereinbarkeit von Familie und Beruf, es war gerade keine andere Stelle frei, der Betreffende hat einen Festvertrag bekommen. Das ist auch erst einmal in Ordnung so. Die Grundlagen für die Arbeitsmotivation sind in der Regel recht banal, auch wenn in Bewerbungsgesprächen oft etwas anderes erzählt wird.

Die Frage nach der Teamorientierung ist heute in jeder Stellenanzeige und danach in jedem Bewerbungsgespräch eine selbstverständliche Frage bzw. Erwartung. Es wird wohl kaum einen Bewerber geben, der seine Teamfähigkeit selbst infrage stellt. Häufig findet man erst in ausgefeilteren Bewerbungsprozessen, wie z.B. Assessment-Center, Anhaltspunkte für die vorhandene Teamfähigkeit oder für mangelnde Kooperationsbereitschaft. Grundsätzlich sind Teamfähigkeit und Teamverhalten erlernbar, wenn Menschen in der Lage sind, Rückmeldung zum eigenen Verhalten von anderen anzunehmen und sie gleichzeitig die Bereitschaft haben, ihre Kooperationsfähigkeit weiterzuentwickeln.

Wer mit Feedback nicht umgehen kann und nicht die Bereitschaft hat, daraus zu lernen, wird es in vielen Teamsituationen sehr schwer haben, aber auch die anderen Teammitglieder mit ihm. Es gibt Menschen, die besser allein arbeiten und durchaus auch für neue Absprachen von Zeit zu Zeit mit anderen kooperieren können, die aber nicht in der Lage sind, täglich in der Zusammenarbeit mit anderen erfolgreich zu kooperieren. Auch diese haben einen Platz in Organisationen, wenn sie an richtiger Stelle eingesetzt sind.

Gut in ein Team passt in der Regel jemand, der gerne kooperiert, der offen in seiner Kommunikation ist, der den Blick auf die Bedürfnisse und Erwartungen von Kolleginnen und Kollegen hat, der die Bereitschaft hat, seine Teamorientierung zu steigern und der zeigt, dass er sich für das gemeinsame Teamziel einsetzt.

In jedem Team gibt es Menschen, die mit der Leistungsfähigkeit der anderen nicht mithalten können. Sie arbeiten an dieser Stelle, weil sie nun einmal zur Organisation gehören, nicht weil sie unbedingt Wunschpartner der anderen sind. Diese Erfahrung haben viele von uns schon in der Schulzeit gemacht. Wenn die Mannschaft im Sportunterricht aufgeteilt wurde, fingen die Besten an zu wählen und die weniger Geeigneten wurden zum Schluss aufgeteilt. Sie durften mitspielen, wurden aber nur selten richtig eingeteilt, das heißt, sie bekamen kaum die passenden Aufgaben zu ihren Möglichkeiten. Enttäuschungen über die Leistungsbereitschaft der Mitspieler sind so vorprogrammiert.

Übertragen ins Arbeitsleben bedeutet dies, dass der richtige Einsatz nach den Möglichkeiten des Mitarbeiters oft entscheidend dafür ist, ob er die Erwartungen an seine Leistungsbereitschaft auch erfüllen kann. Dabei müssen die Kompetenzen erkannt sein, die notwendige Förderung und Zeit vorhanden sein, um ein gutes Arbeitsergebnis zu erzielen.

Jedes Mitglied im Team ist eine Ressource für die Möglichkeit, die Aufgabe zu erfüllen – der eine mehr, der andere weniger. Wichtig ist nur, dass nicht das Gefühl von Ungerechtigkeit entsteht, weil der eine den Eindruck erweckt, sich auszuruhen, und der andere sich durch diese Form der Arbeitsbewältigung seines Kollegen ausgenutzt fühlt. Damit solche Teamsituationen konstruktive Impulse zur Entwicklung erhalten, ist es notwendig, dass diese Themen gezielt erarbeitet werden. Blockaden, die sich durch die hieraus entstehende Teamdynamik entwickeln können, sind für den Teamerfolg langfristig kontraproduktiv und schlagen sich negativ auf die Teamstimmung und vor allem auf die Arbeitsergebnisse nieder.

Mitarbeiter müssen in einem Team zeigen können, wo ihre Stärken liegen, aber auch ihre Schwächen müssen erkennbar sein. Erst durch den wertschätzenden Umgang mit Stärken und Schwächen im Team kann daran gearbeitet werden, diese Schwächen weiter zu reduzieren und die Stärken weiter auszubauen. Ein abwertender Umgang mit Schwächen birgt hingegen die Gefahr, dass das Team einen Sündenbock herausbildet, der grundsätzlich für die negative Energie im Team verantwortlich gemacht wird. Es gibt Teams, die solche Mitarbeiter ausgetauscht haben und feststellen mussten, dass der Nachfolger nach einiger Zeit sich in der gleichen abgelehnten Situation wiederfand, weil das Team nicht verstanden hat, dass es den Anteil der negativen Energie im Team immer wieder auf ein Teammitglied konzentriert. Spätestens dann ist der Anlass geboten, über die Teamdynamik nachzudenken und entsprechende Teamentwicklungsmaßnahmen einzuleiten.

Wenn das Ziel definiert ist, ist zu klären, ob die Aufgabe für das Team überhaupt leistbar ist. Was braucht das Team an Förderung und Unterstützung, um das Ziel auch im Sinne der Aufgabe und der Organisation erfüllen zu können?

Die meisten Teams sind in der Lage, mehr als den gezeigten oder erwarteten Standard zu leisten. Das geht durchaus für ein paar Wochen oder sogar Monate. Aber Teams, die chronisch unterbesetzt sind oder die mit ständig neuen Arbeitsaufträgen permanent durch Arbeitsverdichtung überlastet werden, laufen Gefahr, als Team zu erkranken.

Die Ausfallzeiten durch Krankheiten steigen, Motivation sinkt und die Kommunikation wird verkürzt, Reibungsverluste entwickeln sich. In meiner Arbeit mit Teams habe ich immer wieder erlebt, dass eine ausreichende und wertschätzende Kommunikation erst die Basis für eine erfolgreiche Teamarbeit und Aufgabenerfüllung ist.

Was macht ein gutes Team aus?

4

„Wenn wir nicht zusammenarbeiten,
werden wir für unsere Probleme keine Lösung finden."
Dalai-Lama

Jeder kennt das: Es gibt Teams, da fühlen sich die Mitarbeiter miteinander wohl und die Ziele des Teams und der Einrichtung werden engagiert und erfolgreich umgesetzt.

Es gibt aber auch genauso Teams, in denen es latente Spannungen unter den Mitarbeitern gibt und die Team- bzw. Organisationsziele werden kaum oder nur mit großer Anstrengung erreicht. Die vorhandenen Spannungen stören und blockieren die Energie, die sich eigentlich auf die Ziele richten sollte. Gemeinsame Ziele gehen dann leicht in dieser Teamatmosphäre verloren. Der eigentliche Sinn der teamorientierten Zusammenarbeit wird durch die belastenden Reibungsverluste immer wieder „aufgefressen". Häufig sind das gerade Teams, die sehr angestrengt an ihren Aufgaben arbeiten und sich durch die angespannte Situation untereinander sehr belastet fühlen. Diese Teams arbeiten dann nach dem Motto: Als wir unsere Ziele aus den Augen verloren, verdoppelten wir unsere Anstrengungen. Teams, die in der Lage sind, eine wertschätzende und kooperierende Zusammenarbeit aufzubauen, sind dagegen erfolgreicher, da sie sich in der Zusammenarbeit immer weiterentwickeln und auf ihre Aufgabe konzentrieren können.

Was also macht ein gutes Team aus? Ein gutes Team geht effektiv vor und ist produktiv und konstruktiv. Die Teammitglieder verbringen hier gern auch oft lange Arbeitsphasen. Roman Mildner fasst das folgendermaßen zusammen:

	Schlechtes Team	Gutes Team
Führungsstil	Autoritär	Kooperativ
Autoritätsbildung	Durch Ernennung	Durch Kompetenz
Organisationsstruktur	Steil	Flach
Motiv	Angst	Experten-Ehrgeiz
Leistungsbewertung	Statusbasiert	Ergebnisbasiert
Zuständigkeiten	Fest delegiert: *„Bin dafür nicht zuständig"*	Übertragbar: *„Ich kümmere mich darum"*
Fehlervermeidung	Erst wenn „ertappt": *„Quick & dirty"*	Vorbeugend: *„Lieber gleich richtig machen"*
Fehlerbehebung	Verursacherorientiert	Lösungsorientiert
Umgang mit Systemanforderungen	Passiv: *„Das hat mir keiner gesagt"*	Aktiv: *„Habt ihr auch daran gedacht …?"*
Informationsverteilung	Kopfmonopole: Weitergabe nur auf Aufforderung	Offene Weitergabe auf eigene Initiative
Ansprechpartner für Rückfragen	Nur aufwändig feststellbar	Bekannt
Verhaltenskodex	Implizit festgelegt	Explizit bekannt
Kommunikationskultur	Sich gern reden hören, ins Wort fallen	Zuhören, ausreden lassen

Roman Mildner ist zertifizierter Projektmanager (PMP) und Mitglied im United Mentors Network (UMN) und als unabhängiger Berater und Projektmanager tätig.
Zitiert nach http://www.projectcrunch.de/2011/04/12/gute-teams-schlechte-teams/

Ein leistungsfähiges Team entwickelt sich langsam. Wenn man erfolgreiche Teams beobachtet, kann man feststellen, dass sie sich auf den folgenden Gebieten weiterentwickelt haben; entsprechende Zusammenstellungen findet man mehrfach in der Literatur:

1. Führung:	Die Teamleitung hat die Bereitschaft, mit dem Team eng zusammenzuarbeiten. Sie und jedes Teammitglied haben die Chance, Führungsfunktionen bei Teilaufgaben zu übernehmen, wenn spezielles Wissen gefragt ist.
2. Qualifikation:	Die Mitarbeiter sind für ihre Arbeit qualifiziert und können ihre Qualifikationen so in das Team einbringen.
3. Engagement:	Die Mitglieder identifizieren sich mit den Zielen des Teams.
4. Klima:	Die Mitglieder fühlen sich im Team wohl. Sie können offen und vorbehaltlos miteinander sprechen.
5. Leistungsniveau:	Das Team kennt seine Ziele und hält sie für erstrebenswert. Die eigenen Kräfte werden hauptsächlich dafür genutzt, Resultate zu erzielen. Diese Resultate werden kritisch hinterfragt, um sie weiter zu optimieren.
6. Rolle in der Organisation:	Das Team ist in die Gesamtplanung mit eingebunden und hat eine klar definierte und sinnvolle Funktion innerhalb der Gesamtorganisation.
7. Arbeitsmethoden:	Das Team hat praktische, systematische und effektive Wege gefunden, um die Probleme gemeinsam zu meistern.
8. Organisation:	Klar definierte Rollen, guter Informationsfluss und verwaltungstechnischer Rückhalt sind wesentliche Stützpfeiler des Teams. Zeit zur Kommunikation und Reflexion muss hierfür vorhanden sein.
9. Kritik:	Bei der Besprechung ihrer Fehler und Schwächen verzichten die Teammitglieder auf persönliche Attacken, um aus der Kritik lernen zu können.
10. Persönliche Weiterentwicklung:	Die Mitglieder suchen bewusst neue Erfahrungen und stellen ihre ganze Persönlichkeit in den Dienst des Teams.
11. Kreativität:	Das Team hat die Fähigkeit, durch sein Zusammenspiel neue Ideen zu kreieren, innovative Risiken zu fördern und neue Ideen von innen und außen wohlwollend aufzunehmen und umzusetzen.
12. Beziehungen zu anderen Gruppen:	Die Mitglieder haben ein persönliches Interesse daran, mit ihren Kollegen in anderen Teams in Verbindung zu bleiben, um mit ihnen zusammenzuarbeiten.

4.1 Teamrollen

„Kooperationen scheitern meist nicht am mangelnden Willen zur Zusammenarbeit, sondern an der Unfähigkeit, eigene Schwächen zu erkennen und ergänzende fremde Stärken zuzulassen."
Peter Sereinigg, österreichischer Unternehmensberater und Lehrender an Hochschulen

Eine viel diskutierte Frage bei der Einstellung von Mitarbeitern ist immer wieder: Wer passt zu uns? Wer passt am besten in unser Team? Wichtig sind ein gutes Gespür für die Teamzusammensetzung und die Fähigkeit, die Kompetenzen und Stärken der einzelnen Persönlichkeiten zu erkennen, zu fördern und zielgerichtet einzusetzen.

Teammitglieder nehmen im Team verschiedene Rollen ein. Dazu gibt es in der wissenschaftlichen Literatur mehrere Modelle. Ein verständliches und gut handhabbares Modell geht auf Meredith Belbin, einen englischen Experten auf dem Gebiet Team- und Führungsentwicklung, zurück. Er hat 1972 eine Studie initiiert, in der er in einer fast zehnjährigen Forschung neun charakteristische Teamrollen herausgefunden hat, die wichtig und notwendig für die Teamarbeit sind, aber auch Konfliktpotenziale bergen. Dieses Rollenverständnis soll nicht dazu dienen, einen Menschen auf eine Rolle festzulegen, da die Rollenbegriffe eher offen zu sehen sind. Eine Person im Team kann mehrere Rollen charakteristisch vertreten oder verschiedene Merkmale der unterschiedlichen Rollen in sich vereinen. Eine ideale Teamzusammensetzung würde möglichst alle Charaktere aufweisen.

Diese Rolleneinteilung kann Hilfestellung geben, um die Zusammenarbeit und Konflikte im Team besser zu verstehen; darüber hinaus erlaubt sie aber auch, die eigene Situation im Team selbst zu reflektieren.

Beschreibung Teamrollen nach Dr. Meredith Belbin

(vergl. 1996 Dr. Meredith Belbin, Managementteams – Erfolg und Misserfolg)

1. Umsetzer

- Eigenschaften: Umsetzer haben einen Sinn für das Praktische und besitzen ein hohes Maß an Selbstkontrolle, Disziplin und organisatorischen Fähigkeiten. Sie bevorzugen es, hart zu arbeiten und handhaben Probleme in einer eher systematischen Weise. Im Allgemeinen ist ein Umsetzer eine Person, deren Loyalität und Interesse der Einrichtung gilt und die sich weniger mit persönlichen Zielen beschäftigt. Umsetzer sorgen für Ordnung, können gut planen, das Budget verwalten, Statistiken und Jahresberichte erstellen. Sie lieben weniger die plötzlichen Veränderungen, neigen zu unflexiblem Verhalten und lehnen Ideen, die sie für weniger wichtig halten, ab.

- Funktion: Umsetzer sind aufgrund ihrer Verlässlichkeit und ihrer Schaffenskraft hilfreich für eine Organisation. Sie sind durch ihre Effektivität und ihren Sinn für das Wichtige und Notwendige erfolgreich. Man sagt, dass Mitarbeiter und Führungskräfte nur die Arbeit machen, die sie machen wollen, und Aufgaben ablehnen, die ihnen weniger gefallen. Im Gegensatz dazu wird ein Umsetzer immer das tun, was getan werden muss. Gute Umsetzer steigen oft in höhere Positionen auf. Aufgrund ihrer organisatorischen Fähigkeiten und ihres Blicks für das Wesentliche sichern sie den Arbeitsfluss im Team.

2. Beobachter

- Eigenschaften: Beobachter sind besonnene, introvertierte, klar denkende Persönlichkeiten. Die Stärke liegt in der klaren und objektiven Analyse der Ideen, jedoch nicht in der Ideenfindung. Sie sind langsamer in ihren Entscheidungen, überdenken alles erst einmal und haben normalerweise einen sehr kritischen Verstand. Sie haben die Fähigkeit zu einem umfassenden Urteil, das alle Faktoren in Betracht zieht. Sie sind es oft, die das Team vor schwerwiegenden Fehlern bewahren. Sie halten sich mit den Aussagen so lange zurück, bis sie alles genauestens analysiert haben und eine umfangreiche Einschätzung vorlegen können. Sie zeigen wenige Emotionen und sind nur schwer zu begeistern und zu motivieren.

- Funktion: Beobachter sind dort am nützlichsten, wo Probleme zu analysieren und Alternativen zu entwickeln sind. Sie sind sehr gut darin, verschiedene Möglichkeiten abzuwägen. Für Außenstehende erscheint der Beobachter zurückhaltend und überkritisch. Trotzdem sind Beobachter im Team wichtig, da sie mit ihrer Meinung Entscheidungen beeinflussen.

3. Perfektionisten

- Eigenschaften: Perfektionisten sind äußerst gewissenhaft und erst dann zufrieden, wenn alles geklärt ist. Sie besitzen die Fähigkeit, Dinge bis zum Ende zu verfolgen und dabei bis ins Detail zu denken. Dabei geht es ihnen mehr um das Ergebnis als um die Methode. Sie erfüllen immer ihre selbst gesetzten Maßstäbe und arbeiten termingerecht. Sie werden von inneren Ängsten angetrieben, machen sich Sorgen über alles, was schiefgehen könnte. Typische Perfektionisten sind introvertiert und benötigen wenig Anschub oder Anregung von außen. Weder bei sich, noch bei anderen dulden sie Nachlässigkeit. Sie bevorzugen es, Aufgaben selbst in die Hand zu nehmen, statt zu delegieren, weil es andere vermutlich nicht so gut machen wie sie.

- Funktion: Perfektionisten sind dort unabkömmlich, wo Aufgaben ein hohes Maß an Genauigkeit und Konzentration verlangen. Sie sorgen für ein Gefühl der Dringlichkeit in allen Dingen innerhalb des Teams und halten Zeitpläne genau ein. In Führungskreisen heben sie sich durch ihre hohen selbst gesetzten Standards und durch ihr Bemühen um Präzision, Detailgenauigkeit und Weiterverfolgung hervor.

4. Spezialisten

- Eigenschaften: Spezialisten widmen sich besonderen Gebieten und interessieren sich nur für ihr Fachgebiet, in dem sie mit großem Engagement und großer Professionalität arbeiten. Ihre primären Ziele sehen sie darin, hohe Standards durchzusetzen und ihr eigenes Spezialgebiet zu fördern und zu verteidigen. Während sie sehr großen Stolz in ihren eigenen Belangen zeigen, fehlt es ihnen oft an jeglichem Interesse für die Belange anderer. Jedoch sind sie in der Lage, vor dem Hintergrund ihrer Kenntnisse und reichen Erfahrungen die richtigen Entscheidungen zu treffen und ihre Entscheidungen zu vertreten. Nur wenige Menschen haben die Zielstrebigkeit oder die Begabung, ein erstklassiger Spezialist zu werden. Sie haben keinen Blick für größere Zusammenhänge. Sie mögen ungern für Menschen arbeiten, die auf dem Spezialgebiet weniger wissen als sie selbst.

- Funktion: Spezialisten haben eine unersetzliche Rolle in manchen Teams, da sie die speziellen Fähigkeiten mitbringen, Dienstleistung oder berufliche Kompetenzen, auf die eine Organisation angewiesen ist. Beispiele hierfür wären der EDV-Fachmann oder der Therapeut mit seinen besonderen methodischen Kompetenzen.

5. Teamarbeiter

- Eigenschaften: Teamarbeiter sind hilfsbereite, sensible und sozial denkende Menschen, die eine große Unterstützung für ihr Team sind. Sie sind umgänglich und besorgt um andere. Sie sind sehr flexibel und anpassungsfähig in Bezug auf verschiedene Situationen und Menschen. Teamarbeiter sind einfühlsam und diplomatisch. Sie sind gute Zuhörer und im Allgemeinen beliebte Mitglieder des Teams. Die Anwesenheit eines Teamarbeiters erleichtert das menschliche Miteinander im Team. Sie erkennen Reibungspunkte zwischen einzelnen Persönlichkeiten und gleichen sie aus. Besonders in Stress- und Krisensituationen sorgen sie sich um die Stimmung im Team.

- Funktion: Die Rolle des Teamarbeiters ist es, zwischenmenschlichen Problemen, die in einem Team auftreten, vorzubeugen und es so allen Teammitgliedern zu erlauben, ihre Beiträge zu leisten. Nicht so erfreut über Reibereien, wird er alles tun, sie abzubauen oder zu vermeiden. Im Team sind die diplomatischen und einfühlsamen Fähigkeiten des Teamarbeiters sehr viel wert. Teamarbeiter fördern den Teamgeist und steigern das wertschätzende Verhalten im Team.

6. Wegbereiter

- Eigenschaften: Weichensteller sind oft engagierte und extrovertierte Persönlichkeiten. Es fällt ihnen leicht, mit Leuten sowohl innerhalb als auch außerhalb des Teams zu kommunizieren. Sie haben ein ausgezeichnetes Verhandlungsgeschick und sind dafür geeignet, neue Möglichkeiten auszuloten und Kontakte zu entwickeln. Der Weichensteller entwickelt selten eigene Ideen, sondern greift sehr effektiv Ideen anderer auf und entwickelt sie weiter. Wie der Name nahelegt, liegen seine Fähigkeiten darin, herauszufinden, was an Ressourcen vorhanden ist und wie diese eingesetzt werden können. Sein offenes Wesen bewirkt, dass er von anderen normalerweise sehr herzlich aufgenommen wird. Weichensteller haben eine ausgeglichene Persönlichkeit mit einer ausgeprägten Neugierde und der Fähigkeit, die Möglichkeiten in allem Neuen zu sehen. Trotzdem kann ihre Bereitschaft sich zu engagieren, schnell nachlassen.

- Funktion: Weichensteller erforschen neue Entwicklungen und Ideen und bringen diese ins Team ein. Sie sind die Besten, um externe Kontakte zu knüpfen und sind gut in der Lage, diese Kontakte zu pflegen. Sie stehen mit beiden Füßen fest auf dem Boden und vermögen es, anderen Informationen zu entlocken und sind daher auch gute Netzwerker.

7. Koordinatoren

- Eigenschaften: Sie sind disziplinierte, kontrollierte und selbstsichere Akteure. Die unsichtbare Fähigkeit des Koordinators ist es, andere zu bewegen, auf ein Ziel hinzuarbeiten. Ruhig und entspannt werden sie von allen respektiert. Reif, selbstsicher und vertrauensvoll, wie sie sind, halten sie das Team zusammen, verteilen die Aufgaben und verlieren das Ziel nicht aus dem Auge. Innerhalb eines Teams erkennen sie schnell die jeweiligen individuellen Talente und setzen die Teammitglieder entsprechend ihren Fähigkeiten für das gemeinsame Ziel ein. Koordinatoren sind erfahrene und reife Persönlichkeiten, die nicht unbedingt kreativer oder intelligenter sind als die Mitarbeiter im Team. Sie haben ein sicheres Auftreten und andere bringen ihnen im Allgemeinen Achtung entgegen.

- Funktion: Koordinatoren werden am besten dort eingesetzt, wo sie Verantwortung für ein Team aus Leuten mit unterschiedlichen Fähigkeiten und Persönlichkeiten übernehmen. Sie arbeiten besser, wenn sie mit Kollegen von gleichem oder ähnlichem Rang zu tun haben, als Untergebene führen zu müssen. Sie gehen Probleme ruhig an. Manchmal geraten Koordinatoren gewaltig mit Machern aneinander, weil sie mit Kollegen und Mitarbeitern anders umgehen.

8. Macher

- Eigenschaften: Macher sind hochmotivierte Menschen, lieben die Herausforderung und sind sehr erfolgsorientiert. Sie wollen Ergebnisse sehen und treiben mit viel unruhiger Energie andere an, um etwas zu erreichen. Sie sehen das Team als Ausführungsorgan und sehen die Hauptaufgabe darin, die Arbeit des Teams voranzutreiben. Macher fordern gerne andere heraus, mit dem Ansporn, selbst zu gewinnen. Wenn Hindernisse auftreten, finden sie einen Ausweg. Halsstarrig und anmaßend tendieren sie dazu, sehr emotional auf Enttäuschungen und Frustrationen zu reagieren. Macher sind sehr eigensinnig und häufig aggressiv. Macher achten auf wichtige Punkte im Gespräch und versuchen, Ideen auf den Punkt zu bringen. Dabei scheuen sie weder Konfrontation noch unangenehme Entscheidungen. Es fehlt ihnen an zwischenmenschlichem Verständnis. Sie nennen die kämpferischste Teamrolle ihr Eigen. Sie wirken selbstbewusst, brauchen aber ihre Erfolgsergebnisse, um nicht von Selbstzweifeln geplagt zu werden.

- Funktion: Macher sind dann gute Führungskräfte, wenn sie etwas bewegen und mit Druck vorantreiben können. Sie bringen Leben in ein Team und sind dort vonnöten, wo Entscheidungsabläufe oder das Festhalten an alten Gewohnheiten Arbeitsabläufe verkomplizieren oder ausbremsen. Macher neigen dazu, sich über solche Probleme hinwegzusetzen und zielorientiert weiterzumachen. Sie sind vertraut damit, notwendige Veränderungen umzusetzen und unpopuläre Entscheidungen zu treffen. Sie versuchen, Diskussionen oder Aktivitäten eine bestimmte Struktur oder einen Rahmen zu geben.

9. Neuerer

- Eigenschaften: Neuerer sind Innovatoren und können höchst kreativ sein. Sie sehen die Ideen, aus denen dann wichtige Entwicklungen heranwachsen. Normalerweise bevorzugen sie es, für sich allein zu arbeiten, etwas distanziert vom Rest des Teams, um ihre Vorstellungskraft und oft ungewöhnlichen Arbeitsmethoden voll nutzen zu können. Sie sind häufig introvertiert und reagieren sehr stark auf jede Form von Kritik. Ihre Ideen sind oft radikal und fernab von jeder Praxis. Sie sind unabhängig, schlau und einfallsreich, allerdings auch schwach im Kommunizieren mit Menschen anderer Wellenlänge. Sie verlieren schnell das Interesse an der Umsetzung und widmen sich lieber globalen Zusammenhängen. Sie ignorieren praktische Details und Vorschriften, wodurch ihnen leicht Fehler unterlaufen. Sie reagieren äußerst sensibel auf Lob und Kritik und verhalten sich den Ideen anderer gegenüber nicht selten herablassend.

- Funktion: Die Hauptfunktion des Erfinders ist es, neue Entwürfe zu machen und komplexe Probleme zu lösen. Sie werden oft am Anfang eines Projekts benötigt, wenn es noch nicht so recht vorangeht. Oft haben sie die Einrichtung mit aufgebaut oder einen besonderen Arbeitsansatz entwickelt. Zu viele Neuerer in einer Organisation können jedoch kontraproduktiv sein, da die Gefahr besteht, dass sie zu sehr auf ihren eigenen Ideen bestehen und sich gegenseitig in Streitigkeiten verwickeln.

Zu diesen Teamrollen kann sich ein Team folgende Fragen stellen:

- Welche der neun Rollen braucht unser Team für die Erfüllung seiner Aufgaben?
- Welche Rollen sind bei uns vorhanden?
- Wer sind die Rollenvertreter?
- Auf wen konzentrieren sich die meisten Rollenanteile?
- Welche Vorteile ergeben sich daraus?
- Welche Probleme ergeben sich daraus?
- Wie gleichen wir die nicht oder nur wenig vorhanden Rollenanteile aus?

Manchmal kann eine Rolle natürlich auch auf mehrere Personen zutreffen. Es können aber auch mehrere Rollen auf eine Person zutreffen: Es reicht beispielsweise nicht aus, wenn im Team nur Teamarbeiter sind und die restlichen acht Rollen sich auf eine Person konzentrieren.

Es kommt selten vor, dass in sozialen Organisationen die neuen Mitarbeiter nach ihren Teamrollen eingestellt werden, die sie in der Einrichtung ausfüllen könnten. So ist zu beobachten, dass sich in manchen Teams ähnliche Rollenanteile häufen und andere ganz fehlen oder sich auf wenige konzentrieren, die dann diese Rollenanteile sehr prägend ausführen und dadurch Konflikte provozieren können, weil sie als sehr dominant und polarisierend erlebt werden.

Bei der Einstellung neuer Mitarbeiter ist neben deren beruflichen Kompetenzen und Erfahrungen auch immer wieder mitzuberücksichtigen: Wie passt die neue Mitarbeiterin oder der neue Mitarbeiter ins Team? Passt sie oder er in das Rollengefüge unserer Teamsituation? Gibt es positiv ergänzende Persönlichkeitsanteile, die die Teamdynamik konstruktiv unterstützen? Vor allem soziale Organisationen laufen Gefahr, wenn sie zu stark harmonieorientiert sind, die Bewerber mehr auf der Sympathieebene einzustellen, nach dem Motto: „Hauptsache, durch die Neuen verändert sich nichts."

Wenn Sie sich aber für Ihr Team eine weitere Entwicklung wünschen, dann können Rollenüberlegungen in Ihrem Team eine Entscheidungshilfe bei der Wahl des richtigen Mitarbeiters sein.

Die folgende Übung unterstützt Sie dabei, sich der Rollenbesetzungen in Ihrem Team bewusster zu werden. Was hier nur als einfache Übung vorgestellt wird, lässt sich vertiefen – man kann eine professionelle Analyse der Teamrollen einsetzen. (Siehe dazu www.belbin.de deutschsprachig bzw. www.belbin.com oder bei akkreditierten Trainern.)

Übungen

1. Welche Rollenanteile sind in Ihrem Team vorhanden?

Handlungsorientierte Teamtypen		
	Anzahl	Person
Perfektionist		
Umsetzer		
Macher		

Wissensorientierte Teamtypen		
	Anzahl	Person
Beobachter		
Spezialist		
Neuerer		

Kommunikationsorientierte Typen		
	Anzahl	Person
Koordinator		
Teamarbeiter		
Wegbereiter		

2. Wenn Sie die Rollen Ihres Teams analysiert haben, überlegen Sie einmal, welche Auswirkungen das auf Ihre Teamarbeit hat und benennen Sie die Stärken und Schwächen Ihres Teams, die sich daraus ergeben.

a) Stärken unseres Teams nach der Rollenanalyse sind:

b) Schwächen unseres Teams nach der Rollenanalyse sind:

c) Für Teamarbeit wäre nun zu analysieren, welche Chancen und auch Grenzen sich für die Erfüllung der Aufgaben daraus ergeben und wie es die Teamdynamik beeinflusst:

Übungen

Auf die Erfüllung unserer Teamaufgaben wirkt sich das meiner Meinung nach wie folgt aus ...

Auf die Teamdynamik wirkt sich das wie folgt aus ...

4.2 Persönliche Haltung und Lebenseinstellung

In einem Team kann aber auch die persönliche Haltung und Lebenseinstellung von Bedeutung sein:

- Wie geht ein Team mit seinen Herausforderungen um und welche Grundhaltung bringen die einzelnen Persönlichkeitsanteile mit?
- Sind die Teammitglieder mehrheitlich erfolgsorientiert oder eher defizitorientiert? Entdecken sie also leichter ihre Möglichkeiten oder mehr ihre Verluste?

Nachfolgend ist eine Aufzählung zu Gegensätzen zwischen Verlierern und Gewinnern zusammengestellt. Schauen Sie sich diese an und überlegen Sie, wen Sie aus Ihrem Team darin entdecken. Die Aufzählung kann als Anregung in einer Teamentwicklungssitzung dienen. Aber Vorsicht: Das Thema muss behutsam und professionell angegangen werden.

Gewinner … und Verlierer

Der Gewinner ist immer ein Teil der Lösung.
Der Verlierer ist immer ein Teil des Problems.

Der Gewinner hat immer eine Problemlösung.
Der Verlierer hat immer eine Ausrede.

Der Gewinner sagt: „Lass mich dir helfen."
Der Verlierer sagt: „Das ist nicht meine Aufgabe."

Der Gewinner sieht für jedes Problem eine Lösung.
Der Verlierer sieht für jede Lösung ein Problem.

Der Gewinner sagt: „Es ist schwierig, aber möglich."
Der Verlierer sagt: „Es ist vielleicht möglich, aber zu schwierig."

Der Gewinner fühlt sich für seinen Job verantwortlich.
Der Verlierer sagt: „Ich arbeite hier nur."

Wenn ein Gewinner einen Fehler macht, gibt er ihn zu.
Der Verlierer sagt: „Es war nicht mein Fehler."

Der Gewinner vergleicht seine Leistung mit seinen Zielen.
Der Verlierer vergleicht seine Leistung mit der anderer Leute.

Verfasser: Unbekannt

Kommunikation und Teamfähigkeit

5

„Der Mensch kann nicht nicht kommunizieren."
Paul Watzlawick

Alles, was im Team geschieht, ist auch immer eine Form der Kommunikation. Egal ob die Teammitglieder sich effektiv austauschen oder sich lieber aus dem Weg gehen: Es wird immer miteinander kommuniziert, dabei wird Wertschätzung oder Entwertung zwischen den Teammitgliedern transportiert und beides beeinflusst die Teamdynamik. Auch die manchmal vorzufindende Angewohnheit, Worte von dominanten Teammitgliedern oder Führungskräften auf „Goldwaagen aufzuwiegen", beeinflusst die Teamdynamik nachhaltig. Aussagen, die so aufgewogen werden, erhalten eine Bedeutung und Brisanz, die meist so nie beabsichtigt waren, die aber auf eine verunsicherte Teamstimmung oder verunsicherte Personen im Team weiter negativ wirken können. Dann werden Verhaltensweisen und Aussagen überinterpretiert oder gar als belastend und blockierend empfunden. Die Kommunikation im Team ist, wie auch immer sie geschieht, von größter Bedeutung, da sie über die Leistungsfähigkeit oder -unfähigkeit eines Teams entscheidet.

Die Teamkommunikation darf daher nicht nur rein zufällig geschehen, sondern sie bedarf der Pflege, der Reflexion und der Weiterentwicklung.

Wertschätzung durch Kommunikation 5.1

Gute Teamarbeit setzt Wertschätzung voraus. Jeder will sich in seinem Team wohlfühlen. Dazu gehört auf der einen Seite, dass jeder zeigen kann, was er kann, und auf der anderen Seite, dass er dafür von den Kollegen und von der Teamleitung Wertschätzung erfährt. Hierzu ist eine gute Kommunikationsbasis wichtig. Diese bildet die Grundlage, auf der erst ein erfolgreiches kooperatives Handeln möglich ist.

In den Organisationen, in denen man die Kommunikation der Mitarbeiter untereinander als geraubte oder verschwendete Zeit ansieht, gerät auch die Kommunikation über die gemeinsame Arbeit ins Stocken. Gerade in sozialen Organisationen bilden Gespräche die Grundlage für gute Teamarbeit. Wer im Team keine Wertschätzung erfährt, kann selbst auch keine Wertschätzung an andere weitergeben, z.B. an Klienten, Patienten, Kunden und Kollegen.

Das ist in jeder Kommunikationssituation von Bedeutung. Selbst eine knappe Kommunikation, wie beispielsweise in einer E-Mail, mündet in den seltensten Fällen nur in eine Frage, die einfach mit Ja oder Nein beantwortet werden kann. Das heißt nicht, dass eine E-Mail(-Antwort) künstlich mit überflüssigen Floskeln „aufgeblasen" werden soll, aber sie sollte das enthalten, was für die Kommunikation zwischen den Beteiligten notwendig ist, um die Arbeitsfähigkeit wertschätzend und effektiv zu erhalten.

Kommunikation ist das Lebenselixier erfolgreicher Zusammenarbeit, sie schafft die Basis, auf der Zusammenarbeit überhaupt erst möglich wird, sie transportiert neben sachlichen Inhalten immer mehr, sie beinhaltet immer Anteile, auf die wir emotional reagieren und die für die Kooperationsbereitschaft oft ausschlaggebend sind.

Der Psychologe Lutz von Rosenstiel sagt hierzu: *„Führung durch Personen ist im Wesentlichen Kommunikation. Wenn Kommunikation unterstützt wird durch elektronische Medien, dann ist das eine Hilfe. Wenn sie aber ersetzt wird durch elektronische Medien, dann liegt dort eine Gefahr, denn menschliche Kommunikation ist nicht nur Übermittlung von Sachaussagen, sondern sie transportiert zwischenmenschliche Beziehung und Bindung."* Vergl. www.Zitate.de

Er beschreibt hiermit den emotionalen Wert der Kommunikation, der den akzeptierten oder nicht akzeptierten Umgang miteinander bestimmt. Für die Kommunikation im Team ist nicht nur entscheidend, welche Sachaussagen getroffen werden, sondern es ist maßgebend, auf welcher emotionalen Basis sie getroffen werden. Doch wie stellt man sich auf die emotionale Basis jedes Einzelnen im Team ein?

Um hierzu eine Antwort zu finden, kann uns das Modell der Eisbergtheorie verdeutlichen, welcher kommunikative Untergang auf uns zukommt, wenn wir die emotionalen Anteile in der Kommunikation nicht berücksichtigen. Im Schiffsverkehr wissen wir spätestens seit dem Unglück der Titanic, zu welchen Katastrophen es führen kann, wenn einem die Größe des Eisbergs auf dem Weg zum Ziel nicht bekannt ist. Das Problem ist, dass man nur einen kleinen Teil, etwa 20 % des Eisbergs über dem Wasser sieht. 80 % des Eisbergs sind in seiner Größe und seinen Ausmaßen unter Wasser und daher nicht sichtbar. Was für uns nicht sichtbar ist, können wir auch nicht einschätzen. Wir wissen nicht, welche Fallen und Gefahren hier evtl. lauern. Die moderne Schifffahrt versucht, diese Ungewissheit durch elektronische Hilfsmittel auszugleichen. Kommt es doch noch zu Unfällen, ist es meist menschliches Versagen.

Die Eisbergtheorie

20 % der Botschaft liegen offen, sind der sichtbare Teil des „Eisbergs"
(Fakten, Daten, Zahlen)

80 % der Botschaft sind verdeckt, liegen unter der Oberfläche
(die Botschaft löst beispielsweise diese Empfindungen aus: Angst und Hoffnung, Sicherheit und Unsicherheit, Sympathie und Antipathie, Vertrauen und Skepsis, Erfahrung und Erwartung)

Für unsere Kommunikation im Team bedeutet das: Nur unsere Sachinhalte wie Zahlen, Daten, Fakten sind auf der rationalen Ebene für alle gleich. Das macht aber nur 20 % unserer Kommunikation aus. Ob diese Inhalte von allen gleich verstanden, akzeptiert und angenommen werden, wird zu 80 % auf der emotionalen Ebene entschieden.

Hier befinden sich dann Emotionen wie:

- Angst und Hoffnung
- Sicherheit und Unsicherheit
- Sympathie und Antipathie
- Vertrauen und Skepsis
- Erfahrung und Erwartung

Diesen hohen emotionalen Anteil in der Teamkommunikation zu ignorieren, hieße, den Hintergrund, auf dem die Kommunikation gestaltet wird, zu verdrängen. Das wäre analog dazu, dass der Kapitän eines Schiffes sagen würde, es wären keine Eisberge da, weil keine Eisberge zu sehen sind.

Als Teamleiter müssen wir uns also der Tatsache bewusst sein, dass unsere Teammitglieder auch bei Sachfragen und Sachinformationen immer zu einem Anteil emotional reagieren. Als Teammitglied müssen wir bedenken, dass wir die Ansprache durch den Teamleiter und natürlich auch die Äußerungen eines anderen Teammitglieds nicht nur sachlich aufnehmen, sondern dass sie für uns immer auch mit einem Anteil an Emotion verbunden sind.

Deshalb ist es sinnvoll, dies in unserem Kommunikationsverhalten mitzuberücksichtigen. Das bedeutet, dass wir lernen sollten, die Emotionen unserer Teammitglieder einzuschätzen und unser Kommunikationsverhalten konstruktiv darauf auszurichten. Es macht beispielsweise überhaupt keinen Sinn, eine verunsicherte Mitarbeiterin noch weiter zu verunsichern, sondern es ist wichtig, ihr auch durch unser Kommunikationsverhalten (wieder) Sicherheit zu geben.

Beispiel
Teamleiter zum Mitarbeiter:
„Haben Sie über das, was Sie da gemacht haben, vorher nachgedacht?“
Besser wäre:
„Wie haben Sie die Aufgabe geplant?“

Übung

Finden Sie drei Sachaussagen, die in Ihrem Team üblicherweise formuliert werden, aber bei näherer Betrachtung unklar sind, Unsicherheiten erzeugen o.Ä.

1. ______________________________

2. ______________________________

3. ______________________________

Finden Sie nun Formulierungsvorschläge, die besser akzeptiert werden können.

1. ______________________________

____

2. ______________________________

____

3. ______________________________

____

Das Modell des Eisbergs zeigt uns, welche Vorteile ein erfolgreiches Kommunikationsverhalten hat, wenn emotionale Anteile in der Kommunikation beachtet werden. Ob ich verstanden worden bin, so wie ich das beabsichtigt habe, kann ich erst durch das Feedback meines Gegenübers erfahren. Paul Watzlawick sagt hierzu:
„Ich weiß nicht, was ich gesagt habe, bevor ich nicht mein Gegenüber gehört habe."

Ich weiß erst, auf welche emotionalen Befindlichkeiten ich gestoßen bin, wenn ich erfahre, wie ich verstanden worden bin. Hierfür gibt es in der Teamreaktion verbale, emotionale, körpersprachliche und verhaltensorientierte Parameter.

Beispiel

Die Leitung eines Teams weist allgemein auf Missstände in der Dokumentation hin.

Die verbale Teamreaktion: Schweigen
Die emotionale Teamreaktion: Ertappt oder trifft auf mich nicht zu
Die körpersprachliche Reaktion: Wegsehen
Die verhaltensorientierte Reaktion: Trifft auf mich nicht zu, daher brauche ich auch nichts zu ändern

Folge: Die Teamleitung ärgert sich, da sie den Eindruck hat, dass ihre Hinweise von den Mitarbeitern nicht ernst genug genommen werden.

Ein weiteres Kommunikationsmodell, das für die Arbeit im Team hilfreich ist, hat der Psychologe Friedemann Schulz von Thun beschrieben.

Er nennt in seinem Kommunikationsmodell die vier Seiten der Kommunikation, die

1. aus dem Inhalt,
2. aus der Beziehung,
3. aus dem Appell und
4. aus der Selbstaussage bestehen.

Er geht davon aus, dass alles, was ich sage, auf diesen vier verschiedenen Ebenen gesendet und auch auf diesen vier verschiedenen Ebenen empfangen wird.

Die vier Seiten der Kommunikation

Impulse für Kommunikation im Alltag, nach Friedemann Schulz von Thun

- **Inhalt** – Was ich sachlich mitteilen möchte
- **Beziehung** – Wie ich zu dem anderen stehe
- **Appell** – Was ich bei dem anderen erreichen möchte
- **Selbstaussage** – Was ich über mich dabei aussage

Schulz von Thun hat daher die vier Seiten einer Äußerung als Quadrat dargestellt und dementsprechend dem Sender „vier Münder“ und dem Empfänger „vier Ohren“ zugeordnet. Psychologisch gesehen sind, wenn wir miteinander reden, bei jedem Gesprächspartner vier Münder und vier Ohren beteiligt.

Ist das Senden oder das Empfangen in diesem Bereich ausgeglichen, dann klappt die Verständigung ganz gut. Hat aber der andere, auf einer anderen Ebene als beabsichtigt, mit einem anderen Ohr gehört, was ich gesagt habe, entwickeln sich Missverständnisse.

Der Sender sendet gleichzeitig mit einer Nachricht vier Botschaften, er spricht sozusagen mit vier Mündern. Der Empfänger empfängt gleichzeitig vier verschiedene Botschaften, er hört sozusagen mit vier Ohren.

Oft hört und versteht der Empfänger etwas anderes, als der Sender gemeint und gesagt hat. Das führt zu Missverständnissen und in der Folge zu Konflikten. Das macht die zwischenmenschliche Kommunikation auch im Team so anfällig für Störungen.

Beispiel

Teamleiter fragt Mitarbeiter: *„Thomas, kannst du heute den Spätdienst übernehmen?"*

Die vier Botschaften:

Inhalt: *„Ich suche jemand für die Übernahme des Spätdienstes."*

Beziehung: *„Ich habe dir, Thomas, die Frage gestellt, weil du immer sehr hilfsbereit und flexibel bist."*

Appell: *„Bitte übernimm den Spätdienst."*

Selbstaussage: *„Ich bin in einer Situation, in der ich dich dringend brauche."*

Je nachdem, wie die Beziehung zwischen dem Teamleiter und Thomas ist, wird der Befragte die Frage unterschiedlich aufnehmen. Auch kann die Frage in einem Tonfall gestellt werden, dass der Appellcharakter im Vordergrund steht.

Je nachdem, auf welchen der vier Aspekte sie eine Nachricht am stärksten beziehen, kann die Frage völlig problemlos beantwortet werden, wenn beide die gleichen Aspekte im Vordergrund sehen, oder aber auch völlig missverstanden werden, wenn es keine Übereinstimmung gibt.

Fortführung Beispiel

Antwort von Thomas an den Teamleiter: *„Immer fragst du mich, weil du genau weißt, dass ich schlecht Nein sagen kann."*

Inhalt: *„Immer fragst du mich, weil ich schlecht Nein sagen kann."*

Beziehung: *„Das ist mal wieder typisch für dich, in letzter Sekunde suchst du einen Dummen, der den Spätdienst übernimmt."*

Appell: „Hör auf damit!"

Selbstaussage: *„Ich bin enttäuscht, dass ich für solche Aufgaben immer angesprochen werde."*

Auf der Sachebene des Gesprächs steht die Sachinformation im Vordergrund, hier geht es um Daten, Fakten und Sachverhalte. Dabei gilt zum einen das Wahrheitskriterium, wahr oder unwahr bzw. zutreffend oder nicht zutreffend. Zum anderen das Kriterium der Relevanz, also sind die aufgeführten Sachverhalte für das anstehende Thema von Belang oder nicht von Belang? Zum Dritten erscheint das Kriterium der Hinlänglichkeit, d.h., sind die angeführten Sachhinweise für das Thema ausreichend oder muss vieles andere auch bedacht sein?

Für den Sender gilt es also, den Sachverhalt klar und verständlich zu vermitteln. Der Empfänger, der das Sachohr aufgesperrt hat, hört auf die Daten, Fakten und Sachverhalte und hat entsprechend den drei genannten Kriterien viele Möglichkeiten einzuhaken.

Selbstoffenbarung bzw. Selbstaussage: Jede Äußerung enthält auch, ob der Sprecher das beabsichtigt oder nicht, eine „Selbstkundgabe", d.h. einen Hinweis darauf, was in ihm vorgeht, wie er sich fühlt, wofür er steht und wie er seine Rolle auffasst. Dies kann explizit („Ich-Botschaft“) oder implizit geschehen. Dieser Umstand macht jede Nachricht zu einer kleinen Kostprobe der Persönlichkeit (nach Schulz von Thun). Während der Sender also mit dem Selbstkundgabe-Mund, implizit oder explizit, Informationen über sich preisgibt, nimmt der Empfänger diese mit dem Selbstkundgabe-Ohr auf: Was sagt mir das über den anderen? Was ist das für einer? Wie ist er gestimmt?

In jeder Nachricht stecken zugleich Informationen über die Person des Senders. Jede Botschaft besteht aus einer bewussten, gewollten Selbstdarstellung und gleichzeitig aus einer unfreiwilligen, dem Sender nicht bewussten Selbstenthüllung. Jede Nachricht wird somit zu einer Information über die Persönlichkeit des Senders.

Das Selbstoffenbarungs-Ohr des Empfängers lauscht darauf, welche Informationen über den Sender in der Nachricht enthalten sind.

Appellseite: Wenn jemand das Wort ergreift und es an jemanden richtet, will er in der Regel auch etwas erreichen, Einfluss nehmen; den anderen nicht nur erreichen, sondern auch etwas bei ihm bewirken. Offen oder verdeckt geht es auf dieser Ebene um Wünsche, Appelle, Ratschläge, Handlungsanweisungen, Effekte etc. Das Appell-Ohr ist folglich besonders empfangsbereit für die Frage: Was soll ich jetzt machen, denken oder fühlen?

Auf dem Appell-Ohr fragt sich der Empfänger: „Was soll ich jetzt denken, machen oder fühlen?“

Auf der Beziehungsebene kommt zum Ausdruck, wie der Sender zum Empfänger steht und was er von ihm hält. Je nachdem, wie er ihn anspricht (Art der Formulierung, Körpersprache, Tonfall ...), drückt er Wertschätzung, Respekt, Wohlwollen, Gleichgültigkeit, Verachtung o.Ä. aus. Ob ich will oder nicht: Wenn ich jemanden anspreche, gebe ich durch meine Formulierung, meinen Tonfall, meine Mimik und Körpersprache zu erkennen, wie ich zum anderen stehe und was ich von ihm halte – jedenfalls bezogen auf den aktuellen Gesprächsgegenstand. In jeder Äußerung steckt somit auch ein Beziehungshinweis, für welchen der Empfänger oft ein besonders sensibles (über)empfindliches Beziehungs-Ohr besitzt. Aufgrund dieses Ohres wird entschieden: „Wie fühle ich mich behandelt durch die Art, in der der andere mit mir spricht? Was hält der andere von mir und wie steht er zu mir?

Es wird ausgedrückt, was ich von dir halte (Du-Botschaft) und wie wir zueinander stehen (Wir-Botschaft). Die Du- und die Wir-Botschaft können dabei auch Unterschiedliches ausdrücken.

Abhängig davon, welche Botschaft im Beziehungs-Ohr des Empfängers ankommt, fühlt er sich entweder akzeptiert oder herabgesetzt, respektiert oder bevormundet. Eine gute Beziehung ist gekennzeichnet durch Kommunikation „von Gleich zu Gleich in gegenseitiger Wertschätzung.“

Von Bedeutung ist es auch, wie ich den anderen in meiner Kommunikation wertschätze. Wenn ich der Ansicht bin, das ich o.k. bin, so muss ich meinem Kommunikationspartner das Gleiche zugestehen, also finde ich ihn auch o.k.

Bin ich aber der Ansicht, dass ich mehr wert bin als der andere, so erniedrige ich ihn in seinem Selbstwert. Der in seinem Selbstwert Erniedrigte versucht, auf mein Verhalten auch mich in meinem Selbstwert anzugreifen. Gelingt ihm dies durch die Art seines Kommunikationsverhaltens, fühle ich mich von ihm auch erniedrigt. Wie können zwei Personen, die sich in ihrem Selbstwert gegenseitig verletzt und erniedrigt haben, noch erfolgreich miteinander kommunizieren? Deutlicher wird der Umgang mit dem Selbstwert in der Kommunikation in dem Modell der sogenannten Selbstwertgefühlswaage. Stellen wir uns einmal eine alte Briefwaage vor, die zwei Waagschalen hat ähnlich der folgenden Abbildung:

Ich bin o.k.	Du bist o.k.
Ich fühle mich mit meinem Selbstwert von dir akzeptiert und ich akzeptiere auch deinen Selbstwert = gelingende Kommunikation	
Ich bin o.k.	**Du bist nicht o.k.**
Deine Aussage kränkt mich in meinem Selbstwert = konflikthafte Kommunikation	
Ich bin nicht o.k.	**Du bist nicht o.k.**
Du bist auch nicht o.k., weil du mich in meinem Selbstwert erniedrigt hast = Reaktionsfolge durch die Abwertung	

Der Selbstwert in der Kommunikation muss ausgeglichen sein, ansonsten fühlt sich einer erniedrigt. Der Erniedrigte versucht dann, auch den anderen zu entwerten. Danach fühlen sich beide gedemütigt. Menschen, die sich gegenseitig entwerten, können keine erfolgreichen Gespräche miteinander führen.

Auf den Ausgleich des Selbstwertes sollte der achten, dem die Situation bewusst ist und der erfolgreich in seinem Kommunikationsverhalten sein möchte.

Beispiel

Die Teamleitung sagt zu einem Mitarbeiter:
„Bei Ihnen muss ich immer wieder darauf achten, dass Sie Ihre Arbeit machen."

Der Mitarbeiter fühlt sich in seiner Leistung nicht ausreichend wertgeschätzt und reagiert so, dass er sich für seine momentane Arbeitssituation rechtfertigt und entschuldigt, und sagt dann zu seiner Teamleitung: *„Das gelingt mir auch nicht besser, weil Sie mich durch Ihre Art der Teamleitung immer wieder bei meinen Aufgaben unterbrechen."*

In dieser Situation entstehen dann gegenseitige Schuldzuweisungen, die hin- und hergehen. Die Argumente werden in diesem Fall im Kern ähnlich ausgetauscht, wie es zwei Pingpong-Spieler tun, die den Ball immer wieder von der einen Seite zur anderen spielen, ohne dass dabei einer in der Lage wäre, diesen Schlagabtausch zu gewinnen. Es reicht nicht, nur miteinander zu reden. Wenn wir den Schlagabtausch und gegenseitige Erniedrigungen vermeiden wollen, müssen wir wertschätzend miteinander kommunizieren.

Marshall Rosenberg spricht deshalb von der Entwicklung einer offenen Kommunikation, die in vier Schritten geschieht:

1. Schritt	**Beobachtung**: Beschreiben, was geschehen bzw. beobachtet wurde oder noch geschehen wird, möglichst ohne Interpretation und Wertung. Das bedeutet, dass das Beobachtete in Worten wiedergegeben und danach gefragt wird, wie es dazu gekommen ist.
2. Schritt	**Wahrnehmen von Gefühlen:** Wahrnehmen und äußern, wie man sich in dieser Situation fühlt, und fragen, was der andere wohl in dieser Situation empfindet.
3. Schritt	**Erkennen von Bedürfnissen:** Welche Bedürfnisse habe ich in dieser Situation? Welche Bedürfnisse hat der andere in dieser Situation?
4. Schritt	**Bitten**: Ich formuliere, was ich mir konkret von meinem Gesprächspartner in dieser Situation wünsche, dabei sollte die Bitte positiv, konkret, machbar sein.

(zusammengestellt nach: Dr. Larissa Stierlin in Friedemann Schulz von Thun: „Kommunikation für den Alltag", Seite 128)

Beispiel

1. Schritt: Beobachtung ohne Wertung

In einem Jugendhaus spricht der Leiter der Einrichtung mit einem Mitarbeiter über den Umgang mit den Verhaltensweisen der Kinder und Jugendlichen, die er beobachtet hat. In diesem Gespräch beschreibt er seine Beobachtung und fragt den Mitarbeiter, wie es zu dieser Situation gekommen und was auschlaggebend für sein Verhalten war.

2. Schritt: Wahrnehmen von Gefühlen

Welche Gefühle löst die Beobachtung im Gespräch bei dem Leiter aus?
Welche Gefühle lösen die Verhaltensweisen der Jugendlichen bei dem Mitarbeiter und jetzt im Gespräch mit der Leitung aus?

3. Schritt: Erkennen von Bedürfnissen

Welches Bedürfnis hat die Leitung in dem Gespräch und welches Bedürfnis hat der Mitarbeiter im Gespräch?

4. Schritt: Bitten

Der Leiter bittet den Mitarbeiter, aktiv auf das Verhalten der Jugendlichen einzuwirken und entwickelt mit dem Mitarbeiter Lösungsansätze, wie er in solchen Situationen angemessen reagieren kann.

5.2 Offene Kommunikation im Teamgespräch

Die offene Kommunikation zeigt Möglichkeiten auf, wie konstruktiv mit dynamischen Gesprächssituationen umgegangen werden kann. Mit offenen Fragen kann ein Gespräch sehr gut geführt werden, da es den Gesprächspartner zum Nachdenken anregt.

Auf geschlossene Fragen erhält man nur „Ja"- oder „Nein"-Antworten. Offene Fragen sind alle Fragen, die nicht mit Ja oder Nein beantwortet werden können, wie z.B. die typischen W-Fragen:

- Was?
- Wer?
- Wieso?
- Weshalb?
- Warum?
- Wann?
- Woher?
- Wohin?
- Welcher?

Beispiel

Wann planen wir in diesem Jahr unser Sommerfest?
Wer würde sich gerne daran beteiligen?
Unter welches Motto möchten wir das Sommerfest stellen?
Woher bekommen wir Sachspenden?
Was sollten wir auf jeden Fall bei unserer Planung beachten?
Usw.

Übung

Formulieren Sie drei W-Fragen, mit denen Sie in der nächsten Teamsitzung zu einem konstruktiven Austausch eines wichtigen Themas anregen können.

1. ______________________________

2. ______________________________

3. ______________________________

Wichtig!
Wer fragt, führt das Gespräch oder steuert das Team, deshalb sollten die Teamleiter oder die Projektleiter in Gesprächen die Fragen stellen und die Antworten von den Mitarbeitern erwarten. Das bedeutet aber nicht, dass sie dabei die Entscheidungsbefugnisse abgeben.

Klare Formulierungen
Aussagen in der Teamkommunikation sollen klar und deutlich formuliert werden, da es sonst zu Unsicherheiten bei den Gesprächspartnern kommen kann. Um das zu vermeiden, ist es günstig, die sogenannten 6 K der Kommunikation zu beachten.

Die 6 K der Kommunikation

- **Klar** – ich formuliere meine Aussagen verständlich
- **Kurz gefasst** – ich vermeide Monologe und Schachtelsätze
- **Komplett** – meine Aussagen sind inhaltlich vollständig
- **Kooperativ** – mit meinem Gesprächspartner bin ich auf gleicher Augenhöhe, ich achte dabei auf Wertschätzung
- **Korrekt** – ich bleibe in meinen Aussagen bei der Realität und Wahrheit
- **Konkret** – ich sage konkret, was ich beobachtet habe oder mir konkret wünsche

5.3 Ein gutes Team braucht Feedback

Feedback ist ein selbstverständliches Kommunikationsmittel und bedeutsam für die Teamdynamik, wie gleich aufgezeigt wird. Dennoch haben viele Menschen Angst vor einem ehrlichen Feedback, davon bleiben auch Arbeitsteams im sozialen Bereich nicht verschont. Eine Hauptsorge ist, dass der andere sich gekränkt fühlen könnte, dass Feedback als negative Kritik missverstanden wird und dass der Angesprochene den Feedback-Geber möglicherweise angreift und so ein Konflikt entsteht.

Haben Sie den Mut, Ihren Teamkollegen oder Ihren Teammitgliedern dennoch Feedback zu geben. Die angedeuteten Sorgen sind unbegründet, wenn das Feedback so formuliert ist, dass der andere es annehmen und daraus lernen kann. Ein solchermaßen vorgetragenes Feedback trägt zur Leistungsentwicklung und Wertschätzung im Team bei.

Benutzen Sie Feedback, um Beziehungen und gute Leistungen zu verstärken.

Wenn Sie Feedback geben, achten Sie darauf, Menschen zu stärken und zu motivieren. Wenn Sie negatives Feedback anbringen müssen, dann sorgen Sie dafür, dass der andere daraus lernen kann. Ein positives Feedback sollte folgen, sobald eine Verbesserung sichtbar wird. Formulieren Sie Feedback etwa nach dem Muster: *„Ich glaube, du wärest effektiver, wenn …“* oder *„du könntest dir überlegen … zu versuchen.“* Wenden Sie diese Art von Feedback immer dann an, wenn es möglich ist. Lassen Sie den Leuten die freie Wahl, Ihre Kritik zu akzeptieren oder auch abzulehnen. Seien Sie ausgewogen – geben Sie sowohl positives als auch negatives Feedback, dadurch zeigen Sie, dass Sie objektiv sind. So verhelfen Sie dem anderen auch zu einem genaueren Selbstbild. Bedenken Sie dabei, dass Sie das Feedback konstruktiv formulieren. Überlegen Sie einfach, wie Sie selbst Ihr Feedback am besten annehmen könnten.

Sagen Sie im Zweifelsfall: *„Ich bin mir nicht ganz sicher, wie ich es dir sage, weil ich das Gefühl habe, du könntest mich evtl. falsch verstehen, aber ich will es trotzdem einmal so formulieren …“*

Probieren Sie es einfach aus, es ist in der Regel leichter, als Sie vorher dachten. Wenn Sie gelernt haben, Ihr Feedback konstruktiv zu formulieren, werden Sie früher oder später die Erfahrung machen, dass man sich für Ihr wertschätzendes, konstruktives Feedback bei Ihnen bedankt oder Sie werden immer häufiger um Ihre Rückmeldung gebeten.

Feedback ist auch wichtig, um die dynamischen Aspekte der Teamkommunikation zu steuern. In jedem Team sind Menschen mit Persönlichkeiten anzutreffen, die unterschiedlich reagieren. Was für den einen klar zu sein scheint, löst beim anderen Bedenken aus. Manche Menschen sind aufgrund ihrer persönlichen Erfahrungen leichter zu verunsichern als andere. Manche sehen häufiger die Probleme, andere mehr die Lösungen. Manche sind belastbarer und können auch mit Arbeitsdruck gelassener umgehen als andere, die sich zusätzlich selbst noch unter Erwartungsdruck setzen. Einige sprechen Probleme offen an. Andere versuchen, Probleme zu ertragen. Auch die sich aus diesem Bild zusammensetzende psychodynamische Grundstimmung beeinflusst das Kommunikationsverhalten und somit die Leistungsfähigkeit eines Teams. Letztendlich kann nur ein klarer sachlicher und wertschätzender Umgang mit diesen verschiedenen Persönlichkeiten die Kommunikation im Team fördern.

Aber auch faktische Parameter, wie berufliche Ausbildung, Erfahrung, Alter oder Arbeitsschwerpunkte, können die Teamdynamik und das Kommunikationsverhalten beeinflussen. Vor allem in interdisziplinären Teams basiert die Kommunikation häufig auf dem Blickwinkel der eigenen Profession. Der Standpunkt aus der eigenen beruflichen Perspektive wird nicht selten hartnäckig vertreten und als der bedeutendste und einzig richtige erachtet. Argumentationsketten werden dann aufgebaut, ohne sich auf den anderen Gesprächspartner zu beziehen, es geht vielmehr darum, sich mit seiner Sichtweise durchzusetzen. Ein Verstehen des anderen wird dann immer schwieriger. Missverständnisse sind dann vorprogrammiert, weil aneinander vorbeigeredet wird. In solchen Teamsituationen ist es wichtig, erst einmal diese Situation zu akzeptieren und darauf zu achten, den roten Faden in der Moderation in der Hand zu behalten.

Es kann helfen, die Teammitglieder auf ihr kommunikatives Verhalten hinzuweisen und sie zu bitten, ihre Argumente einmal aus der Perspektive der anderen Teammitglieder zu formulieren.

Sicherlich bedarf die teamorientierte kommunikative Ausrichtung eines intensiveren Trainings, dies bewahrt das Team langfristig davor, engagiert aneinander vorbeizusprechen ohne den Fokus auf das eigentliche Thema zu erhalten.

Mögliche Ursachen für Kommunikationsprobleme im Team

- Es fehlen Informationen
- Man hört nicht zu
- Zeitmangel
- Prioritäten werden nicht klar vermittelt
- Man denkt nicht gründlich genug nach, zieht voreilige Schlüsse
- Man verliert die Geduld, wird nervös und emotional
- Man weiß zu wenig vom Thema
- Man verwendet Killerphrasen
- Voreingenommenheit
- Schlechte Laune
- Man kümmert sich nicht um die Bedürfnisse anderer
- Man versteht nur zum Teil und fragt nicht nach
- Alternativen werden nicht in Betracht gezogen

5.4 Besser keine Killerphrasen in der Teamkommunikation verwenden

Die Grundlagen kommunikativer Missverständnisse sind vielfältig und weiten sich bei mangelnder Kommunikation im Verborgenen aus. Es ist daher wichtig, im Team daran zu arbeiten, dass jeder das Teamziel kennt und jeder eine konkrete Vorstellung von seiner Aufgabe hat. Selten ist dies allen Teammitgliedern gleich bewusst. Wenn Sie diese Aussage verwundern sollte, wäre mein Vorschlag hierzu, fragen Sie doch einfach mal in Ihrem Team nach, wer die Teamziele und seine darauf bezogenen Aufgaben unmittelbar und konkret beschreiben kann.

Wichtig ist, dass sich alle Teammitglieder für das Gelingen einer wertschätzenden, konstruktiven und lösungsorientierten Teamkommunikation verantwortlich fühlen und sich dafür auch täglich einsetzen. So ist es zum Beispiel hilfreich, wenn Teammitglieder Kritik üben, sich aber auch gleichzeitig bei der Suche nach Lösungen beteiligen oder schon gleich Lösungsvorschläge mit ihrer Kritik verbinden. Sonst besteht die Gefahr, dass geklagt und gemeckert wird und die Kommunikation im Umgang zu verrohen droht. Eine sprachliche, destruktive Verrohung sind meines Erachtens die häufig anzutreffenden „Killerphrasen" in der Teamkommunikation. Diese behindern gute fruchtbare Diskussionen, ersticken Aussprachen im Keim oder würgen beides ab. Diese sogenannten Killerphrasen bilden eine Grundlage für kommunikative Entwertungen. Sie schleichen sich unmerklich im Teamsprachgebrauch ein und scheinen sich zu vermehren, wenn sie nicht unterbunden werden.

Beispiele für Killerphrasen:

„Dazu fehlt Ihnen die Erfahrung."
„Das haben wir aber schon immer so gemacht."
„Bei uns nicht."
„Das ist nichts Neues."
„Was soll das ..."
„Das verstößt gegen unsere Grundsätze."
„Als ich noch neu hier war, habe ich auch so gedacht, aber ..."
„Dafür haben wir keine Zeit."
„Ja, aber ..."
„Experten denken darüber anders."
„Wie wollen Sie das machen?"
„Wer soll das bezahlen?"
„Die Praxis sieht ganz anders aus."

Diese und ähnliche Killerphrasen kommen uns allen sicher bekannt vor. Sie werden aus unterschiedlichen Gründen genutzt, oft um unbequeme Dinge schnell abzuwimmeln. In einem Team, das konstruktiv zusammenarbeiten möchte, ist jedoch die Bereitschaft vorhanden, sich die Verwendung von Killerphrasen „kollektiv abzugewöhnen".

Beispiel aus der Beratungsarbeit des Autors

In einem großen Team mit ca. 25 Teammitgliedern einer sozialen Organisation war im kommunikativen und sozialen Umgang miteinander eine aggressive, entwertende und blockierende Grundstimmung wahrzunehmen.
Mit diesem Team habe ich alle bekannten Killerphrasen gesammelt, die es in seinen Besprechungen verwendete. Diese Killerphrasen wurden dann auf Flipchartpapier notiert und im Besprechungsraum für alle sichtbar aufgehängt. Das Team bekam von mir die Aufgabe, in jeder Besprechung zukünftig darauf zu achten, diese Killerphrasen nicht mehr zu verwenden und evtl. neu auftretende Killerphrasen dieser Liste hinzuzufügen.
Bei der Aussprache über die Killerphrasen wurde deutlich, wie demoralisiert sich die Teammitglieder durch diese „Sprüche“ fühlten.
Nach ca. vier Monaten hatte sich die Kommunikation im Team verändert. Die kommunikative Grundstimmung war jetzt gekennzeichnet durch einen freundlichen, wertschätzenden und konstruktiven Umgang, mit dem sich die Teamitglieder sichtlich wohler fühlten. Allein schon durch die Vermeidung der Killerphrasen und natürlich das Bewusstwerden der negativen Bedeutung für die Teamkommunikation wurde diese Veränderung ermöglicht. Mit wenig Aufwand wurde eine große Wirkung für die Entwicklung der Teamkommunikation erreicht.
Die Entwicklung einer konstruktiven Teamkommunikation kann manchmal so einfach unterstützt werden.

Richtig sitzen für die Teamkommunikation 5.5

Auch die Sitzordnung bei Besprechungen kann sehr stark zum Erfolg oder Misserfolg der Teamsitzung beitragen. Ich komme immer wieder in Teams, die sich mit den baulichen Gegebenheiten ihrer Einrichtung arrangiert haben. Personal- und Besprechungsräume sind häufig nicht mit den Personalerweiterungen gewachsen, oft haben diese Räume auch Mehrfachfunktionen, sodass auf den vorhandenen Tischen viel abgelegt worden ist.

Teams, die an langen rechteckigen Tischen während ihrer Teambesprechung sitzen, sind in ihrer Kommunikationsfähigkeit eingeschränkt, da man nur die Kolleginnen und Kollegen auf der gegenüberliegenden Seite sieht und wahrnimmt, die Kontaktaufnahme auf der eigenen Seite ist aber eingeschränkt. Man kann noch seinen direkten Nachbarn sehen und sprechen, aber schon bei dem übernächsten wird das schwierig. Man verliert sich sozusagen aus dem Blick. Nach meinen Erfahrungen verändert in vielen Teams diese Sitzordnung die Kommunikation negativ. Noch schlimmer ist es, wenn man zum Beispiel bei Tischen in U-Form im Inneren des U mit dem Rücken aneinander sitzt und sich gar nicht sehen kann.

Runde oder sechseckige, noch besser achteckige Tische ermöglichen, dass sich alle Teammitglieder auch sehen und somit besser wahrnehmen können. Probieren Sie es einfach aus, Sie werden relativ schnell feststellen, dass sich die Kommunikation verändert.

Wenn Sie keinen anderen Tisch haben, setzen Sie sich – mindestens für bestimmte Tagesordnungspunkte – in einen Stuhlkreis, auch wenn das am Anfang vielleicht unbequemer erscheint, weil man sich nicht auf dem Tisch abstützen und seine Unterlagen sowie Getränke nicht abstellen kann. Von diesen Unannehmlichkeiten einmal abgesehen, muss die Anstrengung, die solche Veränderungen bedeuten, immer gegen den Effekt abgewogen werden, der für die Teamkommunikation erzielt wird. Wenn das Team eigentlich ganz gut zusammenarbeitet und gerade sehr viel Arbeit hat, rechtfertigen nur kleine Verbesserungen sicherlich keine zusätzlichen Mühen.

Wenn sich das Team aber in einer Phase befindet, in der Entwicklung und Förderung besonders wichtig sind, lohnt es unbedingt, die Sitzordnung gut zu gestalten. Wer sich tiefer gehend damit befassen möchte, welche herausragende Rolle dabei der Kreis spielt und welche besonderen Möglichkeiten er bietet, kann dies bei Armin Poggendorf nachlesen (Teamdynamik, 2012).

5.6 Regeln für die Teamkommunikation

Grundsätzlich ist darauf zu achten, dass der Kommunikationsfluss im Team erhalten bleibt. Auf der einen Seite reicht vielleicht schon die Veränderung der Sitzordnung, auf der anderen Seite sind Transparenz und sachliche Information in der Kommunikation gefragt. Steuern Sie daher immer rechtzeitig durch Klarheit und Eindeutigkeit mit Ihrem Kommunikationsverhalten gegen die Zutaten der „Gerüchteküche“ an, die sonst immer aktiver und für die „Schandmäuler“ im Team immer schmackhafter wird.

Grundsätzlich sollten daher Missverständnisse geklärt werden, bevor sich eine Verschlechterung der Teamkommunikation und der Teamatmosphäre ergibt. Nur so kann ein Team seine Aufgaben erfüllen und seine Ziele erreichen. Das ist oft kein leichter Prozess und bedarf der Anstrengung, alle Teammitglieder immer wieder mit ins Boot zu holen. Beachten Sie daher die folgenden Grundregeln für Ihre Teamkommunikation.

10 Grundregeln für effektive Gespräche im Team

1. Sprechen Sie in Teamdiskussionen in klaren, deutlichen Sätzen, die für Ihre Gesprächspartner sofort verständlich sind.

2. Aktives Zuhören ist die Grundlage jedes guten Gesprächs im Team. Achten Sie dabei darauf, dass Sie Ihre Gesprächspartner auch dabei ansehen können.

3. Gute Gespräche brauchen Zeit. Nehmen Sie sich für wichtige Themen im Team ausreichend Zeit.

4. Bitten Sie Ihre Gesprächspartner um Rückmeldung (Feedback). So erfahren Sie, ob Sie richtig verstanden wurden.

5. Stellen Sie einen positiven Kontakt zu Ihren Gesprächspartnern her. Achten Sie darauf, dass Sie den Selbstwert Ihrer Gesprächspartner nicht angreifen (Selbstwertwaage).

6. Offene Fragen fördern den Gesprächsverlauf und regen Ihre Teammitglieder an, sich mit dem Thema aktiv auseinanderzusetzen. Fragen Sie bei Problemen Ihre Teammitglieder nach konstruktiven Lösungsvorschlägen.

7. Achten Sie auf die Mimik und Körpersprache Ihrer Gesprächspartner. Machen Sie sich aber auch immer wieder Ihre eigene Mimik und Körpersprache bewusst.

8. Sprechen Sie die Gefühlslage Ihrer Gesprächspartner an. Achten Sie aber auch auf Ihre eigene Befindlichkeit während des Gesprächsverlaufs.

9. Sprechen Sie mit „Ich-Botschaften". Vermeiden Sie, per „man" oder „wir" zu sprechen, damit machen Sie sich in Ihren Aussagen nur kleiner.

10. Fassen Sie das Ergebnis des Gesprächs noch einmal zusammen. Lassen Sie sich das Ergebnis von Ihren Gesprächspartnern noch einmal bestätigen oder noch einmal zusammenfassen, so wissen Sie sofort, ob Sie verstanden worden sind.

Wie entwickelt sich ein Team?

6

„Kooperationen scheitern meist nicht am mangelnden Willen zur Zusammenarbeit, sondern an der Unfähigkeit, eigene Schwächen zu erkennen und ergänzende fremde Stärken zuzulassen."

Peter Sereinigg, österreichischer Unternehmensberater und Lehrender an Hochschulen

Teamarbeit ist dauerhaft verschiedenen Wandlungsprozessen unterworfen. Es kommen neue Teammitglieder hinzu, andere scheiden aus. Selten gibt es Teams, die über Jahre die gleiche Zusammensetzung haben. Es gibt Teams, in denen der Personalwechsel relativ häufig und sehr dynamisch ist, in anderen Teams ist die Besetzung eher gleich bleibend und langlebig. Man bekommt manchmal langersehnte Wunschkandidaten in sein Team, aber auch manchmal sogenannte „Versorgungsfälle", die als gezielte und fördernde Maßnahme in ein bestehendes und gut funktionierendes Team integriert werden müssen, um andere Arbeitsbereiche zu entlasten. Hier entstehen Anforderungen, die ein Team immer wieder neu und vor allem erfolgreich bewältigen muss.

Teamarbeit erfordert es, sich immer wieder neu und flexibel auf neue Personen und Persönlichkeiten einstellen zu können. Dies ist eine große Anforderung und für manche Teams auch eine Überforderung, wenn sie nicht umsichtig geplant und an den Ressourcen des Teams orientiert sind. Daher ist es wichtig, den aktuellen Leistungs- und Entwicklungsstand eines Teams richtig einzuschätzen. Dabei hilft ein Modell, mit dem die Amerikaner Francis und Young den Entwicklungsstand eines Teams beschrieben haben. Nach dem Modell von Francis und Young teilt sich die Teamentwicklung in vier verschiedene Phasen ein:

1. Orientierungsphase
2. Positionsfindungsphase
3. Organisationsphase
4. Arbeitsphase

Orientierungsphase 6.1

Jedes neu gegründete Team startet in der Orientierungsphase. Auch Teams, deren Zusammensetzung vielleicht nur durch eine einzige neue Person verändert wurde, kehren oft in diese Phase zurück. In der Orientierungsphase ist man höflich und vorsichtig den anderen Teammitgliedern gegenüber, man reagiert distanziert und versucht, sich den vermuteten Erwartungen anderer Teammitglieder anzupassen. Konflikte werden vermieden. Auf Anforderungen reagiert man noch unsicher, da Routine in den Arbeitsabläufen fehlt.

Diese Orientierung betrifft das Team insgesamt und sie betrifft verstärkt Menschen, die neu in die Organisation gekommen sind. Ein Neuer hat von den örtlichen Gegebenheiten nur wenige Informationen. Es kommt vor, dass dieser „Neuanfänger" sich in allen Bereichen neu orientieren und erkundigen muss.

Der/die Neue fängt, obwohl vielleicht schon berufserfahren, mit dem Sammeln neuer, oft alltäglicher Informationen an. Eine Routine in den vor Ort üblichen Abläufen und Verhaltensweisen fehlt völlig. Noch viel weniger bekannt sind die informellen und „heimlichen" Regeln des neuen Teams. Der Start in ein neues Team bedeutet erst einmal den Verlust der Vertrautheit und das Gefühl, dass man aus der gewohnten Routine um Jahre zurückgeworfen wird. Welche Regeln gibt es, z.B. in der Wohngruppe einer Jugendhilfe-Einrichtung? Wie wird auf die verschiedenen Verhaltensweisen der Jugendlichen üblicherweise reagiert? Welche internen Gruppenregeln gibt es und welche werden davon in der Realität, der täglichen Praxis, gegenüber den Jugendlichen durchgesetzt?

Die Orientierungsphase ist die Phase des gemeinsamen Kennenlernens. Auch die anderen Teammitglieder wollen den/die Neuen erst kennenlernen, daher verhalten sie sich ebenso vorsichtig und gehen mit den wichtigen, informellen Informationen erst einmal distanziert und sparsam um. Alle Menschen brauchen diese Anwärmphasen. Diese sind mal länger, mal kürzer, aber sie sind immer vorhanden.

Ob diese Orientierungsphase gelingt, hängt auch von der Art und Weise ab, wie der oder die Neue ins Team aufgenommen wird. Gibt es zum Beispiel eine planvolle Einarbeitung, evtl. sogar einen Mentor oder eine Mentorin, die dafür sorgen, dass die Integration ins neue Team gute Startbedingungen hat?

Hier haben sicherlich Teams einen Vorteil, denen bewusst ist, wie schwierig die Startphase in ihrer Einrichtung bzw. im Team sein kann. Oft muss mehr passieren als das einfache „Mitlaufen" mit einer erfahrenen Kollegin oder einem erfahrenen Kollegen oder sogar nur ein in die Arbeit „Schubsen". Es bedarf sorgfältiger und systematischer Einarbeitungsprozesse, um neuen Mitarbeitern den Start zu erleichtern. Für die Neueinsteiger gilt, dass sie offen auf das neue Team zugehen müssen. Vorurteile auf beiden Seiten sind hinderlich und zeugen von mangelnder sozialer Kompetenz, die für erfolgreiche Teamarbeit aber eine Grundvoraussetzung ist.

Teams, die sich insgesamt neu bilden, müssen in dieser Phase ihre Aufgaben organisieren, immer wieder Absprachen treffen und erst im Umgang miteinander sicher werden. In dieser Phase können sich durch die mangelnde Erfahrung miteinander Missverständnisse entwickeln und Reibungsverluste entstehen. Alle Teammitglieder bemühen sich gemeinsam um Harmonie. Missverständnisse werden entweder konstruktiv geklärt oder aber einfach verleugnet und ertragen. Die Anpassungsanstrengung an die Teamsituation, wie man sie erlebt, ist groß. Ein Team in der Startphase braucht Zeit, sich kennenzulernen, sollte aber auch bewusst gefördert werden, da hier der Grundstein für die weitere Teamarbeit gelegt wird.

Maßnahmen der Teamentwicklung sind hier eine lohnende Investition in die Zukunft des Teams.

6.2 Positionsfindungsphase

In der Phase der Positionsfindung sucht jeder seinen Platz im Team. Kommt jemand neu in ein Team, sind viele Plätze (im Teamgefüge) schon belegt. Das wird manchmal auch optisch deutlich, wenn bestimmte (Sitz-)Plätze im Personalraum, im Lehrerzimmer der Schule o.Ä. stets von den gleichen Teammitgliedern ganz selbstverständlich belegt werden. Oft bekommen neue Teammitglieder erst einmal die ungünstigsten Positionen oder Aufgaben zugewiesen. So kann z.B. der Schicht- oder Stundenplan im Vergleich mit den anderen Teammitgliedern hierüber Auskunft geben. Auch die unbeliebtesten Aufgaben an neue Teamitglieder zu übertragen, ist manchmal zu beobachten. Gleichzeitig ist das der wenig soziale Versuch, die eigene Position zu stärken.

Wir alle möchten unseren Platz in der Gruppe finden und wir wollen auch einen Platz, auf dem wir uns wohlfühlen, das gibt uns Sicherheit und Geborgenheit in der Gruppe. Wenn Sie einen Beleg für diese Aussage brauchen, so denken Sie einmal an den Besuch Ihres letzten Seminars. Haben Sie sich nach der Pause wieder auf den gleichen Platz gesetzt? Wenn ja, warum haben Sie das getan?

Probieren Sie einfach einmal etwas aus. Fassen Sie den Mut, sich in der nächsten Teamsitzung auf den „Stammplatz“ eines anderen zu setzen und beobachten Sie, ob und wie viel Irritation Sie damit auslösen! Es kann passieren, dass das überhaupt nicht akzeptiert wird und ein kleiner Konflikt entsteht.

Wir alle kennen sicherlich solche Situationen, in denen es für uns von Bedeutung ist, dass wir den Platz bekommen, der uns angemessen erscheint. Das ist auch in dieser Phase der Teambildung so. Es ist daher immer wieder spannend zu beobachten, wer auf welchen Platz im Team will und wie sich die Dynamik einer Gruppe entwickelt, wenn mehrere um denselben Platz konkurrieren. In Ihrer Teamarbeit haben Sie eventuell schon selbst einmal erlebt, dass Sie sich für eine Aufgabe interessiert haben, die Ihnen wichtig war und die Sie gerne übernommen hätten. Welche Erfahrungen haben Sie gemacht? Haben Sie sich durchgesetzt oder haben Sie sich großzügig zurückgehalten und um des „lieben Friedens“ willen Ihr eigenes Bedürfnis aufgegeben?

Die Verteilung dieser Plätze findet in dieser Phase oft unterschwellig statt und ist verhaltensorientiert geprägt. Die sich entwickelnde Gruppendynamik nimmt zu, die Teammitglieder positionieren sich: über die Anzahl der Redebeiträge, durch das Formulieren von Fragen an das Team, durch das Strukturieren von Unsicherheiten in der Gruppe, durch aktives, zugreifendes Gestalten, aber auch durch Zurückhaltung und das Einsetzen der „Ellenbogen“ oder Vordrängeln bei der Verteilung von Aufgaben.

Jede/r möchte seinen Platz finden, der für sie/ihn von Bedeutung ist. Ein Platz, auf dem wir uns akzeptiert und wohl fühlen. Der „Kampf“ um die Position ist für jeden daher von Bedeutung. Wir suchen in dieser Phase, wenn wir es alleine nicht schaffen, nach Verbündeten. Cliquen im Team entstehen und entwickeln sich als Orte der sozialen und emotionalen Solidarität.

Standpunkte können dann im „Rest-Team“ gemeinsam vertreten werden.

Die eigene Clique gibt uns auch Bestätigung und Sicherheit in der eigenen Haltung und Position. Gerade in größeren Teams sind diese Untergruppen kommunikative Einheiten, die sich von anderen aus dem Team abgrenzen. Da gibt es dann die Gruppe der Meinungsführer, der Macher, der Unbeteiligten und der Bedenkenträger. Sie alle finden in ihrer eigenen Gruppe Sicherheit und Stärke und favorisieren gegenüber den anderen ihre Haltung. Konflikte entwickeln sich in dieser Teamphase schnell: Wer die Positionskämpfe bewältigen will, braucht ein Team je nach Stärke der Krise, eine Moderation und Reflexionseinheiten, um sich weiterentwickeln zu können.

6.3 Organisationsphase

Die Organisationsphase ist die Phase der Bearbeitung und der Reifung der Teamentwicklung. Sie ist gekennzeichnet durch die Entwicklung neuer Umgangsformen. Es entsteht eine Kultur der Zusammenarbeit. Die Positionen und Aufgaben im Team sind verteilt oder die weitere Verteilung verläuft konstruktiver und lösungsorientierter. Die Krisen, die häufig aus verdeckten Kämpfen bestanden haben, werden überwunden und der Wunsch, gemeinsam an den Aufgaben und Zielen zu arbeiten, setzt sich durch und eine gemeinsame Teamidentität entsteht. Es bildet sich das Gefühl: Wir ziehen gemeinsam an einem Strang. Neuhinzugekommene entwickeln in dieser Phase das Gefühl: Jetzt bin ich angekommen und gehöre dazu.

Standpunkte werden vertreten und man konfrontiert die Kollegin und den Kollegen mit seiner Meinung. Feedback zu Verhaltensweisen und Arbeitsabläufen wird gegeben. Das Team beginnt sich im Umgang miteinander weiterzuentwickeln. Eine konstruktive und kooperative Zusammenarbeit entsteht.

6.4 Arbeitsphase

In der Arbeitsphase ist das Team endlich zu einer echten Zusammenarbeit fähig. Ideen werden entwickelt, der Umgang ist wertschätzend und solidarisch, man unterstützt sich gegenseitig und reagiert auf Anforderungen flexibel und lösungsorientiert. Im Umgang miteinander ist man sicher. Durch Routine in Teamabläufen steigert sich die Effektivität des Teams. Die Kommunikation untereinander ist durch Vertrauen und Offenheit geprägt. Das Team ist in der Lage, Aufgaben und Ziele gemeinsam wahrzunehmen. Das Team wird von außen als ein echtes und leistungsfähiges Team wahrgenommen.

Francis und Young beschreiben diese Entwicklungsphasen auf einer sogenannten Teamentwicklungsuhr. Die vier Phasen sind hier in zwölf Bereiche analog den zwölf Stunden der Uhr eingeteilt. Da die Phasen nicht, wie hier beschrieben, immer so klassisch eindeutig verlaufen, erlaubt dieses Modell „die Zeit“, also den Entwicklungsstatus für das eigene Team in seinen unterschiedlichen Ausprägungen abzulesen.

Wie spät ist es in Ihrem Team?

Die Teamentwicklungsuhr

nach Tuckman 1965 und nach Francis & Young 1992

www.erfolgreicher-arbeiten.de

(vgl. 1992 Dave Francis, Don Young: Mehr Erfolg im Team)

Beispiel

Nehmen wir einmal an, in Ihrem Team ist es 25 Minuten nach sieben.

So sind Sie in einigen Teamsituationen schon in der Organisationsphase angekommen. Es treten aber auch immer wieder Konflikte auf, die unterschwellig, wie sie in der Phase der Positionsfindung vorkommen, noch anzutreffen sind.

Die Tendenz der Teamentwicklung befindet sich zwar in der Vorwärtsbewegung, aber sie wird noch immer durch Störungen aus den Vorphasen aufgehalten. Ist es dagegen bereits fünf vor acht, so befindet sich das Team partiell schon in einer guten Arbeitsphase, steckt aber gleichzeitig in vielen Bereichen noch in der Organisationsphase. So können Mitarbeiter tolle Ideen für ein Sommerfest entwickeln. Sie brauchen aber noch viel Zeit für Diskussionen und Arbeitsabsprachen. Ein routinierter Umgang in der organisatorischen Zusammenarbeit eines solchen Festes fehlt.

Daher ist es immer wieder interessant, sich die passende Uhrzeit seines Teams für die anstehende Aufgabe zu überlegen. Sie ist ein guter Analytiker, welche Prioritäten die gegenwärtige Teamentwicklung bestimmt und gibt Aufschluss darüber, wo die Förderung der Teamentwicklung angesetzt werden sollte.

Sie haben die Möglichkeit, mit dieser Teamentwicklungsuhr den aktuellen Entwicklungsstand Ihres Teams zu erkennen. Dabei erhalten Sie Auskunft darüber, welche Anteile Ihrer Teamsituation Sie noch fördern und unterstützen können. Aber Sie erfahren auch, in welchen Bereichen sich schon echte Zusammenarbeit und Arbeitsfähigkeit entwickelt hat. Prüfen Sie also einmal, was die Uhr in Ihrem Team geschlagen hat.

Übung: Wie spät ist es in Ihrem Team?

Beschreiben Sie anhand der Uhrzeiteinstellung den Entwicklungsstand in Ihrem Team! Beantworten Sie im Einzelnen:

1. Wo steht der kleine und wo der große Zeiger?

___

___

2. Wie spät war es auf der Teamentwicklungsuhr bei der Planung der letzten größeren Aktion, z.B. Sommerfest, Konzeptionstag? Was haben Sie beobachtet?

___

___

3. Welche Auswirkungen haben sich daraus ergeben?

___

___

Was bestimmt die Leistungsfähigkeit des Teams?

7

Da Teams sich in ihrer Leistungsfähigkeit sehr stark unterscheiden, ist zu beobachten, dass einige Teams bei gleicher Aufgabe und ähnlich guter Personalbesetzung leistungsfähiger als andere Teams sind. Von den Teamkompetenzen ist es abhängig, wie gut ein Team sich in seiner Zusammenarbeit entwickelt. Diese Kompetenzen können in gut zusammenarbeitenden Teams immer wieder beobachtet werden. Die hier vorgestellten Kompetenzen sind die Basis für eine professionelle Zusammenarbeit, auf der sich ein Team in sozialen Organisationen weiterentwickeln kann.

Teamkompetenzen:

- Kommunikationskompetenz
- Handlungskompetenz
- Kreativitätskompetenz
- Wertschätzungskompetenz
- Loyalitätskompetenz
- Lösungskompetenz
- Führungskompetenz
- Wertekompetenz
- Reflexionskompetenz

7.1 Kommunikationskompetenz – Informationsfluss macht Zusammenarbeit erst möglich

Wichtig für die Leistungsfähigkeit eines Teams ist die Qualität des Informationsaustauches. In sozialen Organisationen ist die Informationsfähigkeit stark abhängig von der Kommunikationsfähigkeit. Stellen wir uns einmal eine stationäre Jugendhilfeeinrichtung oder ein Altenheim vor, in dem schichtübergreifend gearbeitet wird. Der Informationsfluss zwischen allen Beteiligten ist äußerst wichtig und muss in einheitlich guter Qualität ablaufen, sodass Arbeitsprozesse und Ergebnisse optimal gestaltet sind und nicht durch mangelnde Kommunikation gestört werden.

Doch wie schnell passiert es, dass formalisierte und standardisierte Informationsweitergaben ins Stocken geraten oder nicht ausreichend ernst genommen werden? Wer gibt welche Informationen auf welchem Wege weiter und welche Informationen sind so bedeutsam, dass sie zwar nicht in der standardisierten Form, aber auf informellen Wegen weitergegeben werden?

Weiterhin ist der Informationsfluss häufig von der Anwesenheit der Teammitglieder zum gleichen bzw. auch „richtigen" Zeitpunkt abhängig. Hat eine der Kolleginnen und Kollegen gerade Urlaub, frei oder ist krank, gerät der Informationsfluss zu diesen Personen schnell ins Stocken. Bei manchen Entscheidungen oder Diskussionen sind dann einige Teammitglieder nicht beteiligt oder schlichtweg einfach nicht informiert. Sie sollen aber Entscheidungen und Arbeitsabsprachen einhalten, obwohl sie bei den Absprachen nicht dabei waren.

Der Informationsfluss ist eine Grundlage für einen ineinandergreifenden, akzeptierten und reibungslosen Arbeitsablauf. Deshalb muss jedes Team Strukturen schaffen, die die Kommunikation dauerhaft sicherstellen, um eine gute Qualität der Arbeit zu gewährleisten.

Beispiel

Die Mitarbeiterin einer Jugendwohngruppe kommt nach zwei Wochen aus dem Urlaub zurück. Die Kollegin, die beauftragt war, sie über die anstehenden Aufgaben zu informieren, ist aber an diesem Tag erkrankt. Ein Kollege, der sie sehr gut informieren könnte, wechselt an dem Tag in den Nachtdienst und ist daher in der Tagschicht nicht anwesend. Die Mitarbeiterin beginnt alleine die Frühschicht und schaut, um sich zu informieren, ins Übergabebuch. Dort stehen die wichtigsten Termine und Aufgaben für die Jugendlichen an diesem Tag.

Am Nachmittag ruft die Therapeutin eines Jugendlichen an und beschwert sich, dass die Zusammenarbeit mit der Gruppe nicht klappt, da der vereinbarte Informationsaustausch nicht eingehalten wurde. Das Jugendamt mahnt bei der Heimleitung an, dass keine Vorabinformationen für das anstehende Hilfeplangespräch, wie vereinbart, erfolgt sind. Die Mitarbeiterin fühlt sich für den mangelnden Informationsfluss verantwortlich und entschuldigt sich, obwohl sie für die Situation nicht verantwortlich gemacht werden kann, da sie selbst im Urlaub war. Gleichzeitig fängt sie an, sich über ihre Kollegen zu ärgern.

Denn Informationen über das Gruppenleben mit den Jugendlichen aus einem Zeitraum von zwei Wochen erfordern immer auch einen persönlichen Austausch. Wichtige Informationen gehen sonst im Ablauf des Arbeitsalltags schnell verloren.

Dieses Beispiel zeigt, wie schnell es passieren kann, dass ein mangelnder Informationsfluss negative Folgen hat. Wenn dies in einem Team öfter passiert, sollte dringend gegengesteuert werden, da sich sonst eine Basis für dauernde Konflikte entwickeln kann. Schon in unserem Beispiel deuten sich ein Konflikt mit der Kollegin, mit der Therapeutin, mit dem Jugendamt und als Folge davon auch möglicherweise mit der Leitung an. Nur weil der Informationsfluss in Stocken gerät, entwickelt sich „Sand im Getriebe" der Kommunikation. Letztlich wirkt sich so etwas schnell auf die Arbeitsqualität aus.

Übung

Wie läuft der Kommunikationsfluss in Ihrem Team?

____

____

____

Welche Auswirkungen hat das auf Ihre Teamarbeit?

____

____

____

Wo sehen Sie Optimierungsbedarf?

____

____

____

Was können Sie tun, um diese Situation zu verbessern?

____

____

____

Für einen optimalen Informationsfluss in einem Team ist es notwendig, dass das Team und auch die gesamte Organisation standardisierte Informationsabläufe haben, die für alle Beteiligten verbindlich und verpflichtend sind. Hierzu gehört, dass der Informationsfluss in die Qualitätsverfahren der Organisation mit eingebunden ist. Das bedeutet, dass z.B. in einer Heimeinrichtung der Informationsfluss in jeder Gruppe den gleichen Standards unterworfen ist, um neben den Teams auch einen optimalen Informationsaustausch für die gesamte Einrichtung nach innen und außen zu gewährleisten. Dies ist wichtig, da sonst häufig mit Vermutungen und Gerüchten gearbeitet wird. An den Stellen, an denen nicht mit sachlichen Informationen gearbeitet wird, funktioniert die Gerüchteküche seltsamerweise immer.

Hinweis
Ein gestörter Informationsfluss hat Störungen in der Kommunikation zur Folge. Sie sind oft Ursache für Störungen in der Team- und Organisationsdynamik. Um Störungen in der Team- und Organisationsdynamik zu vermeiden, ist es wichtig, einen transparenten Informationsfluss zu gewährleisten, der formale und auch informelle Quellen berücksichtigt.

In vielen Teams hat es sich zur Optimierung des Informationsflusses als hilfreich erwiesen, dass Protokolle nach einem bestimmten übersichtlichen Standard erstellt werden.

Beispiele

Protokolle sollten rechtzeitig (nach Möglichkeit sofort) nach einer Teamsitzung fertiggestellt werden.
Protokolle müssen für alle Beteiligten einsehbar sein.
Protokolle werden durch die Teammitglieder als gelesen bestätigt, so sind auch die Teammitglieder informiert, die bei der Teamsitzung nicht anwesend waren. Selbstverständlich ist der Inhalt für alle verbindlich.
Übergabebücher in Einrichtungen mit Schichtdiensten fassen das Wesentliche der abgelaufenen Schicht noch einmal übersichtlich zusammen. Sie weisen auf Termine und Besonderheiten hin.

Persönliche Eindrücke in Übergabebüchern und Protokollen müssen als solche gekennzeichnet sein und sollten einem Standard entsprechen, der sich aus der Teamdiskussion hierzu abgeleitet hat. Dieses sollte in einer übersichtlichen Form geschehen, die das Wichtigste für nicht Anwesende bzw. Beteiligte sofort überschaubar macht.

Dokumentationen werden regelmäßig erstellt und sind für alle einsehbar. Auch die Aktenführung bedarf einer einheitlichen und überschaubaren, verbindlichen Vorgabe und Struktur.

Informationen, die nicht an formale Standards gebunden oder sehr persönlich sind, können für die Struktur der Zusammenarbeit von genauso großer Bedeutung sein wie die formalen erfassbaren Informationsabläufe. Sie sind jedoch häufig noch durch mehr persönliche Anteile und Interpretationen eingefärbt. Auch hier sollten Teams Lösungswege entwickeln, wie kommunikativen Störungen, die sich durch die subjektive Informationsweitergabe ergeben, vorzubeugen ist. Sicherlich ist das nicht nur über eindeutige Regeln zu klären wie Kommunikationsprozesse auf den formellen Ebenen. Wichtig ist, dass sich jedes Team und jedes Teammitglied für die Qualität seiner Informationsweitergabe selbst verantwortlich fühlt.

Jedes Teammitglied muss die Verantwortung für Qualität und Quantität seiner Kommunikation und seiner Informationsbereitschaft selbst übernehmen. Das Team sollte regelmäßig die Informationsabläufe thematisieren und das Teamverhalten hierzu überprüfen. Hierzu ist die Unterstützung von außen förderlich, die gewährleistet, dass Störungen in diesen Bereichen auch wirklich erkannt und thematisiert, dass blinde Flecke aufgezeigt und Lösungen zur Optimierung des informellen Informationsflusses gefunden werden, um die Kommunikation auf einem dauerhaft guten Qualitätsniveau zu halten. Supervision kann aktuelle Störungen im Informationsfluss erkennen, auffangen, versachlichen und klären.

Jedes Teammitglied trägt Verantwortung für die Qualität seiner Informationsweitergabe. Für die geeigneten Rahmenbedingungen muss die Organisation sorgen: Beispielsweise Supervision zur Qualitätskontrolle und Qualitätsentwicklung der Teamabläufe oder das Zur-Verfügung-Stellen von Computern bzw. geeigneter Arbeitsplätze und Software sind Aufgaben der Organisation. Sie signalisiert mit der Sorge für geeignete Rahmenbedingungen auch die Wertschätzung guter Teamarbeit und den qualitativen Anspruch an leistungsfähige Teams.

Wichtig sind ferner Zeiträume, die für die Gestaltung der Informationsweitergabe zur Verfügung gestellt werden. Das Bereitstellen von Austauschzeiten ist dann sinnvoll und in der Folge sogar Kosten reduzierend, wenn darauf geachtet wird, dass diese Zeit effektiv und zielorientiert genutzt wird.

Auch der Austausch über Privates bzw. der persönliche Plausch kann zum Wohlbefinden am Arbeitsplatz beitragen und die Teamarbeit fördern, wenn die Prioritäten der eigentlichen Aufgaben dadurch nicht vernachlässigt werden und der zeitliche Rahmen für diese Themen nicht überzogen wird.

Übung

Fassen Sie die Stärken und die Schwächen des Informationsflusses in Ihrem Team zusammen und beschreiben Sie die Zusammenhänge mit Ihren Arbeitsergebnissen!

___

___

___

In welchen Bereichen können Sie Ihren Informationsfluss weiter optimieren?

____

____

____

Welche konkreten Vorschläge haben Sie für die Optimierung des Informationsflusses in Ihrem Team?

____

____

____

7.2 Handlungskompetenz – zeigen, was man kann

Jeder im Team sollte die Möglichkeit haben, seine Fähigkeiten kompetent zu zeigen und umzusetzen. Das setzt voraus, dass man die eigenen Stärken und Schwächen kennt und dass man seine Fähigkeiten und Grenzen auch richtig einschätzen kann. Dieses gelingt in der Regel nur, wenn die Teammitglieder ein realistisches Selbstbild ihrer Leistungsfähigkeit haben und sie dieses Selbstbild immer wieder an den konstruktiven Feedbacks ihrer Teamkollegen oder in einer qualifizierten vertrauensvollen Supervision überprüft haben. Es reicht nicht, von seiner eigenen Arbeit überzeugt zu sein. Kunden und Klienten denken oft ganz anders darüber. Der persönliche „blinde Fleck" auf der eigenen Handlungskompetenz und eigenen Grenzen kann nur durch die qualifizierte Rückmeldung anderer korrigiert werden. Es ist ein Zeichen von großer Professionalität, wenn ich mein berufliches Handeln immer wieder neu an den Erfordernissen ausrichten kann und versuche, meine Grenzen zu erkennen und zu erweitern.

Jedes Teammitglied sollte für die Aufgabe, die ihm übertragen wurde, entsprechend gut aus- und weitergebildet sein. Da sich die Ansprüche an die beruflichen Kompetenzen immer wieder ändern und wachsen, sollte das Angebot der Fort- und Weiterbildung selbstverständlich für jedes Teammitglied ermöglicht werden und die Teilnahme auch verpflichtend werden. Für die Organisation ist die Investition in Fort- und Weiterbildung immer – auch unter Kostendruck – eine lohnende Investition in die Zukunft der Einrichtung. Engagiertes und qualifiziertes Personal setzt Maßstäbe in der Aufgabenerfüllung und eine Chance, sich positiv von den Mitbewerbern abzuheben.

Jede Organisation sollte bei der Einstellung neuer Teammitglieder das Anforderungsprofil für die Aufgabe klar definiert haben. Die fachliche Kompetenz für die übernommene

Aufgabe und die Bereitschaft, sein Können auch zu zeigen und dem Team zur Verfügung zu stellen, sind Grundvoraussetzungen für teamorientiertes Arbeiten.

Hinzu kommt aber auch die Notwendigkeit, sich neben seinen Aufgaben und seinen Arbeitsschwerpunkten auch für die Arbeit der anderen Teammitglieder zu interessieren. Dies ist zumindest so weit wichtig, als die eigene Arbeit im Zusammenspiel mit den anderen Teammitgliedern nach Möglichkeit reibungslos funktionieren sollte. Das heißt, jeder ist dafür verantwortlich, dass er die Art und Weise, wie er seine Aufgaben bewältigt, auch mit den anderen Teammitgliedern abstimmt. Hierzu ist in der Regel ein großes Maß an Vertrauen, Transparenz und Offenheit erforderlich, das sich meist erst langsam auf der Grundlage gemeinsamer Erfahrungen entwickelt und sensibel auf Spannungen in der Teamatmosphäre reagiert. Dies allein ist schon ein Grund, die Entwicklung der Teamatmosphäre als dauerhafte Aufgabe wahrzunehmen.

7.3 Kreativitätskompetenz – Ideen entwickeln und flexibel bleiben

Teamarbeit braucht aber immer auch eine Möglichkeit, sich kreativ entfalten und weiterentwickeln zu können. Sie verlangt daher auch nach einer Teamleitung, die dies ermöglicht und durch ihren Führungsstil in der Lage ist, die Ressourcen und kreativen Potenziale der Mitarbeiter zu fördern. Arbeiten Sie daher immer wieder im Team mit Visualisierungen und zum Beispiel mit Kreativitätstechniken an Flipcharts und Pinnwänden, Mindmaps und Kartenabfragen, um das gemeinsam vorhandene kreative Potenzial Ihres Teams zu nutzen.

Beispiel

Wie sich die Aspekte der Teamarbeit eines im Aufbau befindlichen Wohnheims für erwachsene Menschen mit Behinderung ausloten und strukturieren lassen, wird exemplarisch anhand der Mindmap gezeigt, die auf der folgenden Doppelseite abgedruckt ist. Die Technik der Mindmap entfaltet hier alle ihre Vorteile. Sie unterstützt den kreativen Prozess, alle Aspekte zu ermitteln, und sie bietet die Möglichkeit einer strukturierten Darstellung. Eine Alternative dazu, im Team die Aspekte der eigenen Arbeit zu erarbeiten und zusammenzustellen, bietet beispielsweise auch die bekannte Technik der Kartenabfrage.

Die Förderung der Kreativität im Team ist auch eine gute Voraussetzung dafür, ein Team immer wieder in die Lage zu versetzen, flexibel auf die Anforderungen des Arbeitsalltags reagieren zu können. Flexibel und situativ zu reagieren gelingt besser, wenn Flexibilität dauerhaft gefördert und trainiert wird.

Eine Teamleitung sollte von Zeit zu Zeit die Aufgaben der Mitglieder im Team wechseln, wenn das organisatorisch möglich ist. Sie sollte dabei besonders auf die Teammitglieder achten, die nie bereit sind, sich auf etwas Neues oder einen Wechsel einzustellen.

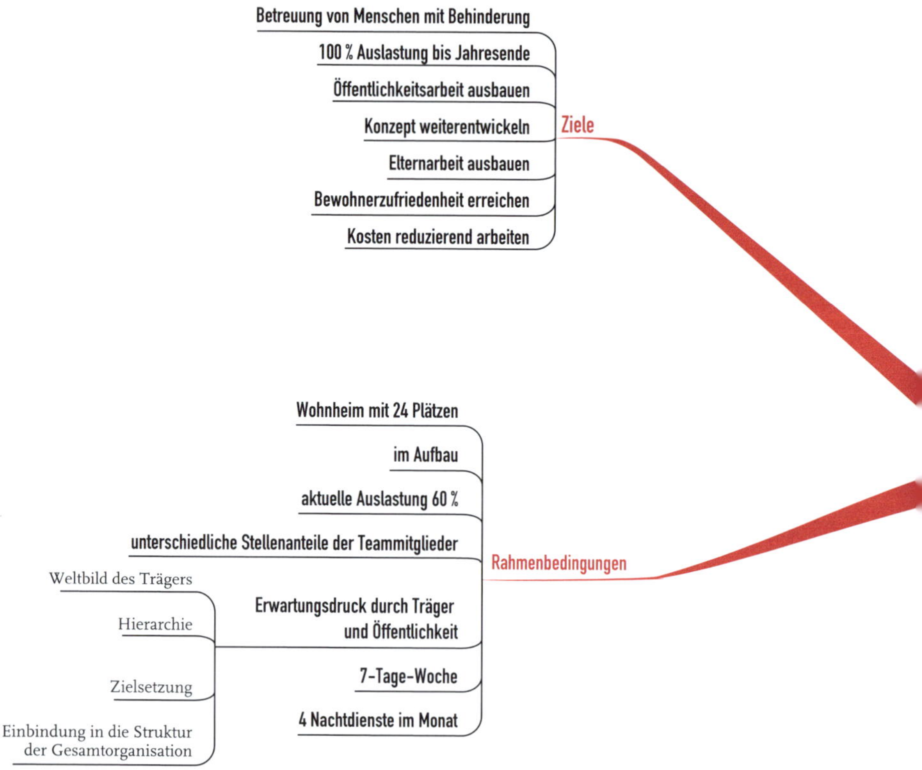
Ziele
Betreuung von Menschen mit Behinderung
100 % Auslastung bis Jahresende
Öffentlichkeitsarbeit ausbauen
Konzept weiterentwickeln
Elternarbeit ausbauen
Bewohnerzufriedenheit erreichen
Kosten reduzierend arbeiten
Rahmenbedingungen
Wohnheim mit 24 Plätzen
im Aufbau
aktuelle Auslastung 60 %
unterschiedliche Stellenanteile der Teammitglieder
Erwartungsdruck durch Träger und Öffentlichkeit
Weltbild des Trägers
Hierarchie
Zielsetzung
Einbindung in die Struktur der Gesamtorganisation
7-Tage-Woche
4 Nachtdienste im Monat

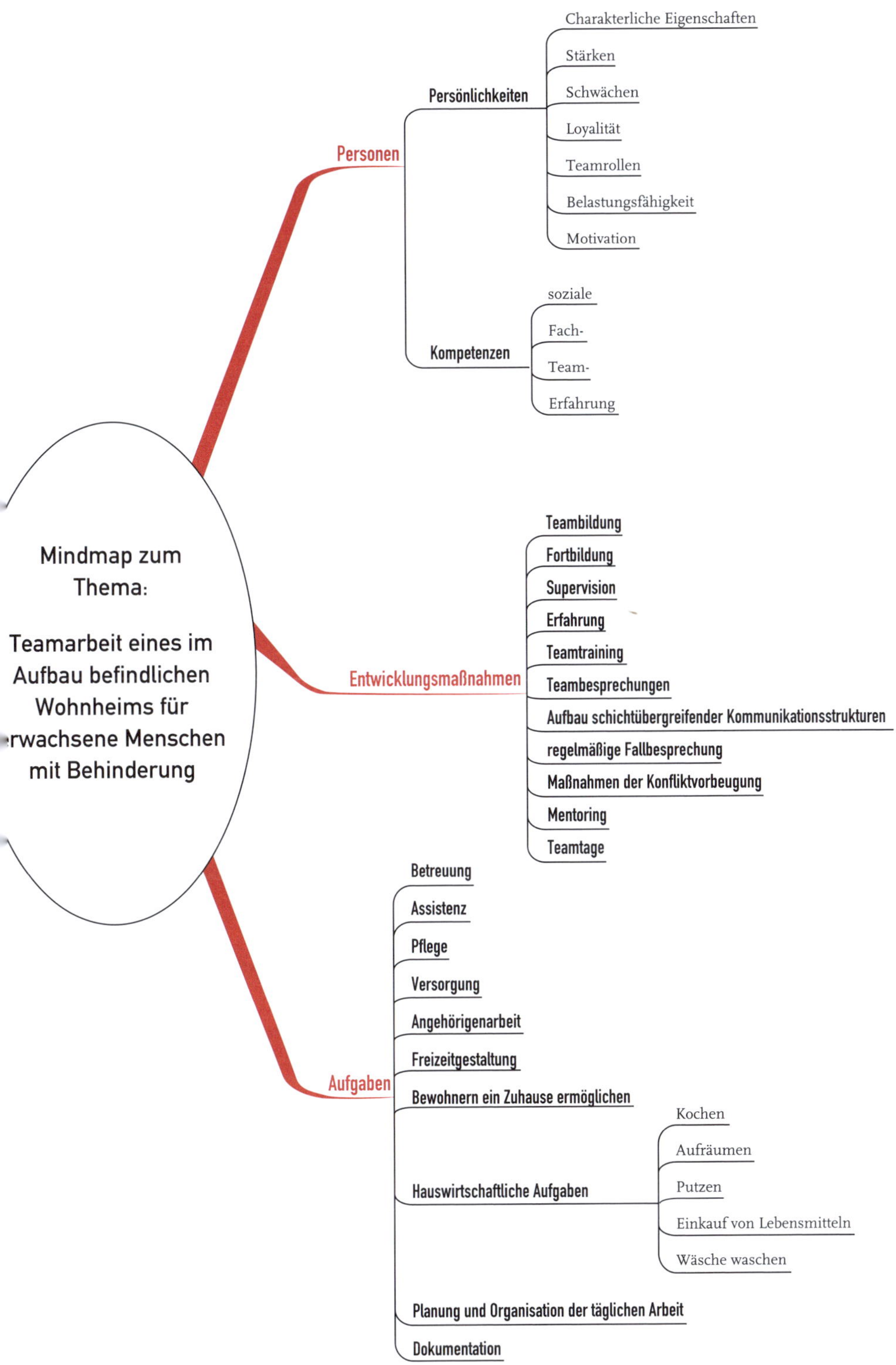
Mindmap zum Thema:
Teamarbeit eines im Aufbau befindlichen Wohnheims für erwachsene Menschen mit Behinderung
Personen
Persönlichkeiten
Charakterliche Eigenschaften
Stärken
Schwächen
Loyalität
Teamrollen
Belastungsfähigkeit
Motivation
Kompetenzen
soziale
Fach-
Team-
Erfahrung
Entwicklungsmaßnahmen
Teambildung
Fortbildung
Supervision
Erfahrung
Teamtraining
Teambesprechungen
Aufbau schichtübergreifender Kommunikationsstrukturen
regelmäßige Fallbesprechung
Maßnahmen der Konfliktvorbeugung
Mentoring
Teamtage
Aufgaben
Betreuung
Assistenz
Pflege
Versorgung
Angehörigenarbeit
Freizeitgestaltung
Bewohnern ein Zuhause ermöglichen
Hauswirtschaftliche Aufgaben
Kochen
Aufräumen
Putzen
Einkauf von Lebensmitteln
Wäsche waschen
Planung und Organisation der täglichen Arbeit
Dokumentation

Denn diese laufen langfristig Gefahr, dass sie am Gewohnten und an Gewohnheiten hängen, weil sie sich dadurch sicherer fühlen. Sie reagieren dann jedoch nicht mehr ausreichend flexibel auf die Anforderungen der Arbeit.

Wer sich immer wieder auf etwas Neues einstellen kann, braucht dafür eine gesunde Portion Mut und ein entsprechendes Selbstbewusstsein. Das ist ähnlich wie nach der ersten Fahrstunde, die noch aufregend und verunsichernd war. Wenn man einige Jahre den Führerschein hat und regelmäßig Auto fährt, sind auch Fahrten auf unbekannten Strecken oder in Großstädten leicht und sicher zu bewältigen. Autofahrer, die immer nur auf der gleichen Strecke unterwegs sind, beherrschen diese zwar perfekt, sind aber auf neuen Wegen hilflos.

Zwar heißt es immer wieder: „Never change a winning team“, aber das bedeutet nicht, dass man auch zukünftig im Team über viele weitere Jahre unverändert zusammenarbeiten muss und Erfolg haben wird. Es ist gut und befruchtend, wenn in den Teams von Zeit zu Zeit einmal rotiert wird. So kann es zum Beispiel sinnvoll sein, in der Kindertagesstätte die Gruppe zu wechseln oder im Altenheim in einem anderen Wohnbereich zu arbeiten. Dabei lernt man, sich immer wieder auf neue Kolleginnen bzw. Kollegen, auf neue Situationen einzustellen und von den Arbeitsweisen und Erfahrungen anderer zu profitieren. Es erhöht auch gleichzeitig die Identifikation mit allen Arbeitsbereichen der Organisation und stärkt den Gemeinschaftsgeist in der gesamten Einrichtung.

7.4 Wertschätzungskompetenz – Motivation erhalten und selbst begeistern können

Damit die Teammitglieder zeigen, was sie können, sollten sie ausreichend von den anderen Teammitgliedern und von der Teamleitung in ihrer Leistungsfähigkeit wertgeschätzt und gelobt werden. Wir alle werden doch gerne gelobt; auch wenn wir uns vielleicht in der Öffentlichkeit manchmal zieren, so schätzen wir es doch sehr, wenn unsere Leistung Anerkennung findet.

Lob wird vor allem dann vermisst, wenn daran gespart wird. Sätze wie: „Nicht kritisiert ist schon gelobt“, gehören daher eher in die verstaubte Mottenkiste demotivierender Führungsstrategien. Ein Lob, richtig formuliert, motiviert auch für die Herausforderung der Zukunft und ist immer auch Dank und Anerkennung für das Geleistete. Loben allein reicht aber noch nicht. Vielmehr ist die Anerkennung für Leistungsbereitschaft und Leistungsfähigkeit der Teammitglieder und des ganzen Teams von Bedeutung. Es ist nicht immer das „auf die Schulter klopfen“, sondern auch das Zutrauen, mit einer besonderen Aufgabe oder Situation fertigzuwerden. Es ist die tägliche Wertschätzung der Arbeit oder zumindest besonderer Leistungen, die gezeigt wird. Das kann manchmal der Hinweis an den Kollegen sein, dass man sich darüber gefreut hat, dass die Zusammenarbeit so gut geklappt hat, oder dass man dem Team zeigt, dass man stolz darauf ist, dass die Aufgabe trotz der zwischenzeitlich aufgetretenen Krisen so hervorragend gemeistert wurde. Wichtig ist, dass die Teammitglieder erleben, dass sie für das Team und auch den Arbeitserfolg gebraucht und geschätzt werden.

Beim Fußball sehen wir immer wieder, dass auch die Spieler auf der Reservebank die Möglichkeit erhalten, sich zumindest zeitweise im Spiel zu beweisen. Der Spieler muss dann in kurzer Zeit zeigen, dass er die in ihn gesetzten Erwartungen erfüllt. Hierfür ist neben seiner Kompetenz auch seine Spielfreude gefragt, also seine Bereitschaft, sich für seine Aufgabe selbst zu motivieren. Daher ist auch jedes Teammitglied gefordert, sich für seine Aufgabe selbst zu begeistern, auch dann, wenn die Aufgabe vielleicht unangenehm oder lästig erscheint.

Wähle deine Einstellung für deine Aufgabe!

Überlegungen zur Selbstreflexion der eigenen Haltung als Teammitglied

Wenn ich eine Aufgabe übernommen habe, entscheide ich immer mit meiner persönlichen Haltung darüber, wie ich diese Aufgabe bewältige, dafür sollte ich in der Regel niemand anderes verantwortlich machen. Ich entscheide auch mit meiner Haltung, wie ich zu meinem Team stehe oder zu der Kollegin, über die ich mich gerade geärgert habe. Meine Haltung ist in der Regel auch entscheidend, ob ich mich mehr auf die Hindernisse in meiner Arbeit konzentriere oder bereit bin, über Lösungen nachzudenken und daran aktiv zu arbeiten, auch wenn es mir zu Beginn noch sehr schwerfällt. Der Anfang für viele Lösungen ist aber schon geschafft, wenn ich die Bereitschaft entwickle, niemand anders mehr für meine Situation verantwortlich zu machen, sondern auch immer danach sehe, wo mein persönlicher Anteil ist. Das bedeutet, dass ich mich immer wieder überprüfe, mit welcher Haltung und Motivation ich in einer Arbeitssituation stecke.

Ich kann nicht von der Teamleitung erwarten, dass sie mich für meine tägliche Arbeit motiviert. Für die Eigenmotivation bin ich schon zu einem großen Teil selbst verantwortlich, Voraussetzung ist, dass die Rahmenbedingungen stimmen. Es wird erwartet, dass Sie als Führungskraft nicht die Begeisterung und Selbstmotivation der Teammitglieder bei der Arbeit stören, sondern deren Motivation unterstützen.

Aber Lob ist keine Einbahnstraße, auch Mitarbeiter dürfen ihre Teamleitung loben, wenn sie es ehrlich meinen. Ehrlichkeit ist dabei wichtig, schließlich wollen sie sich nicht einschleimen. Aber wieso sollten sie ihrem Chef oder ihrer Chefin nicht einmal sagen, dass sie sich in einer besonderen Arbeits- oder Konfliktsituation gut unterstützt fühlten?
In meiner Arbeit mit Führungskräften habe ich immer wieder erfahren, dass Teamleiter von ihren Mitarbeitern wenig ehrliches Lob erhielten, aber gleichzeitig ihre Worte oder auch manchmal nur „flapsigen Bemerkungen“ auf „Goldwaagen aufgewogen“ wurden.

Für eine wertschätzende Teamkommunikation ist es ratsam, die Chance zu nutzen und in beide Richtungen zu loben.

Damit die Motivation in einem Team dauerhaft erhalten bleibt, muss das Team auch seine Aufgaben bewältigen können. Hierfür ist neben der materiellen Ausstattung und der Personalausstattung die Lösungskompetenz eines Teams von Bedeutung. Das wird bei Hilfsorganisationen, zum Beispiel bei der Feuerwehr und beim Katastrophenschutz, regelmäßig trainiert. In den Arbeitseinsätzen dieser Organisationen gibt es immer wieder Unvorhergesehenes oder Überraschungen, die neben einem sicheren Handeln in den routinierten Abläufen auch eine flexible Lösungsorientierung in der Krisensituation erfordern.

Auch die Arbeit beispielsweise in der stationären Jugendhilfe, in der Kita, im Altenheim und anderen Einrichtungen mit sozialen Aufgabenfeldern erfordert es, auf unvorhersehbare Situationen angemessen und flexibel zu reagieren. Daher muss die flexible Lösungskompetenz im Team gefördert werden.

7.5 Loyalitätskompetenz

Damit ein Team in der Lage ist, lösungsorientiert zu handeln, ist das Wir-Gefühl des Teams entscheidend. Für alle gilt die Verpflichtung: „Wir halten zusammen.“ Dies gilt sowohl für die tägliche Arbeit, aber auch in besonderen Krisenzeiten im Team. Jeder im Team sollte das Gefühl haben, bei seiner Arbeit und Aufgabenerfüllung nicht allein zu sein, in seinem Team verlässliche Kolleginnen und Kollegen zu haben, die unterstützen. Unterstützen darf dabei auf keinen Fall heißen, dass schwere Aufgaben oder unliebsame Arbeiten an andere aus dem Team abgeschoben werden. Loyalitätskompetenz im Team bedeutet, dass das Team die Fähigkeit besitzt, zusammenzuarbeiten, und alle selbstverständlich ihren Beitrag leisten.

Beispiel
Ein Team von sechs Schulsozialarbeitern soll ein neues Konzept zum sozialen Lernen in Schulen im Jugendhilfeausschuss präsentieren. Das Konzept wird nur mit Mühe und inhaltlichen Lücken fertig. Entsprechend kritisch wird es im Ausschuss diskutiert. Das Team ist der Auffassung, dass die Situation nur dadurch entstanden ist, dass ein Teammitglied, wie so oft vorher, langfristig erkrankt war. Es entwickelte sich die Haltung: „Wäre X nicht mehr im Team, dann liefe alles perfekt."

Das bedeutet auch, dass Teamentscheidungen gemeinsam nach innen und außen getragen werden. Ich habe es immer wieder erlebt, dass die Teamerfolge Gemeinschaftssinn produzierten, die Probleme im Team jedoch auf ein einzelnes Teammitglied verlagert wurden. In solchen Teams werden die Probleme des Teams personalisiert und die Verantwortung für das Problem auf den Einzelnen abgeschoben. Diskussionen in Teams, die auf diese Art und Weise versuchen ihre Probleme zu lösen, sind aufgrund von persönlichen Angriffen meist sehr stark emotionalisiert. Dem Team ist dann nur noch selten eine Versachlichung des Problems möglich, weil der Sündenbock für das Problem, manchmal sind es auch mehrere Sündenböcke, schon gefunden ist. Dieses Verhalten entlastet den Rest des Teams vordergründig und verleitet zu der Illusion, zu den Leistungsträgern des Teams zu gehören. Manchmal entwickelt sich diese Haltung so stark, dass das ganze Team glaubt, ein Problem sei gelöst, wenn man eine bestimmte Person nur austauschen würde. In der Praxis habe ich dann immer wieder erlebt, dass dann einzelne Teammitglieder ausgetauscht oder versetzt wurden, in der Erwartung: jetzt läuft es rund. Die Enttäuschung war dann aber groß, wenn dieser Effekt nicht eintrat. Dass in Abschnitt 7.3 ein regelmäßiger Wechsel im Team angeregt wurde, hat mit dieser Problematik nichts zu tun – ein solcher Wechsel wird dort zur Förderung der kreativen Teamkompetenz vorgeschlagen, aber nicht zur Problemlösung.

In dem oben beschriebenen Beispiel schied die erkrankte Person aus dem Team aus und es kam eine neue Kollegin. Das Team hatte aber weiterhin Leistungsprobleme und es wurde ein anderes Teammitglied zum Problemträger. Die Leistung des Teams ist entscheidend durch den Zusammenhalt bei der Aufgabenerfüllung geprägt, durch die Verlässlichkeit, sich gemeinsam für das Ziel einzusetzen und auch gemeinsam die Verantwortung für Niederlagen und Krisen zu übernehmen.

Veranschaulichen lässt sich dies wieder beim Sport. Würde im Fußball nur der Torwart für die Niederlage seiner Mannschaft verantwortlich gemacht, hätte sein Team den Blick dafür verloren, dass sich das ganze Team einsetzen muss, das Tor zu verteidigen. Es reicht nicht aus, nur Tore zu schießen, man muss auch dafür Sorge tragen, dass das eigene Tor verteidigt wird und der Torwart bei seinen Abwehrreaktionen vom Team unterstützt wird. Wenn sich alle für den Erfolg verantwortlich fühlen und Probleme nicht nur als Versagen von einzelnen Teammitgliedern gewertet werden, kann man mit Recht von einem leistungsfähigen Team sprechen.

Loyalität im Team heißt dabei nicht, gemeinsam Fehler oder Unregelmäßigkeiten zu vertuschen, sondern setzt die Bereitschaft voraus, gemeinsam aus den Fehlern und auftretenden Problemen lernen zu wollen. Das bedeutet natürlich auch, dass jeder die Verantwortung für sein Handeln übernimmt, jeder auch immer die Verantwortung für das gemeinsame Handeln mitträgt. Es verlangt aber auch, dass man sich nicht nur für seine Aufgaben engagiert, sondern auch bereit ist, anderen Teammitgliedern unter die Arme zu greifen, wenn das erforderlich wird.

Erst wenn ein Team sich wirklich als Team versteht, das heißt, wenn der Teamgeist und das Bewusstsein entsteht, „gemeinsam sind wir stärker als der Einzelne und das Problem des Einzelnen ist auch immer das Problem des Teams", ist das Team in der Lage, seine Herausforderungen erfolgreich zu bestehen.

7.6 Lösungskompetenz – Lösungen entwickeln

Jedes Team benötigt für seine Arbeit eine geschulte Lösungskompetenz. Ein passendes Teamtraining erweitert die Kompetenz in diesen Bereichen und schärft den Blick für das Machbare. Bei der Lösungssuche ist bewusstes Handeln besser als der in vielen Teams engagiert praktizierte Aktivismus. Alle sind dabei zwar beschäftigt, aber der eigentlichen Lösung kommt das Team dabei nicht näher. Es wird dann nach dem Motto gehandelt: „Als sie ihr Ziel aus den Augen verloren, verdoppelten sie ihre Anstrengungen." In qualifizierten Teamtrainings fallen solche Handlungsmuster auf und können dann durch gezielte Interventionen beeinflusst werden.

Zuerst braucht jedes Team aber die Einstellung, dass das Teammitglied nicht allein vor den Problemen steht, sondern dass das ganze Team bereit ist, gemeinsam an einer Lösung zu arbeiten. Diese Grundhaltung im Team, „wir sind gemeinsam für die Lösung des Problems auch eines einzelnen Teammitglieds verantwortlich", erweitert die Lösungsfähigkeit des Einzelnen, da er auf die Teamerfahrung zugreifen kann. Das darf natürlich niemals bedeuten, dass die Aufgaben, die man selbst nicht bewältigen kann oder will, an andere abgeschoben werden. Es bedeutet, dass der Einzelne bei der Suche nach einer Lösung durch das ganze Team unterstützt wird. Hier setzt der häufig beschworene Teamgeist ein, der jedoch nicht ausgenutzt werden darf. Dauerhaftes Ausnutzen hätte zur Folge, dass sich das Team aus seinem Wir-Gefühl enttäuscht zurückzieht.

Lösungen für Probleme lassen sich finden, wenn die Bereitschaft da ist, das Problem systematisch zu analysieren, und nach einer Diagnose erkannt wird, was verändert werden muss. Lösungsideen lassen sich in der Regel finden, wenn die Ursachen des Problems verstanden worden sind und man weiß, welche Veränderungen erreicht werden sollen.

Zur Problembewältigung hat sich die sogenannte PUZL-Methode in meiner Arbeit mit Teams bewährt. Sie ist dem Prozessmanagement entlehnt und gut auf Teams übertragbar. Als Schema ist diese Methode sofort überschaubar und leicht einsetzbar, wenn beachtet wird, dass die Problembeschreibung und Ursachenanalyse deutlich voneinander getrennt werden.

Lösungssuche mit der PUZL-Methode

- Problem – Beschreiben Sie das konkrete Problem!
- Ursache – Beschreiben Sie die Ursache. Finden Sie heraus, was die Ursache für das vorher beschriebene Problem ist.
- Ziel – Welches Ziel haben Sie für eine erfolgreiche Lösung? Was soll erreicht werden?
- Lösung – Welche Lösungsschritte sollten Sie anwenden, um Ihr Ziel zu erreichen?

Auch bei der Bewertung der Lösungen sollten Sie systematisch vorgehen. Gängige Bewertungshilfe ist die Analyse von Vor- und Nachteilen einer Lösung.

	Vorteile	Nachteile
Lösung 1		
Lösung 2		
Lösung 3		
...		

Danach besteht die Möglichkeit, je nach Problem/Aufgabe und Zuständigkeit des Teams auch noch eine Kosten- (Aufwand) und Nutzenanalyse zu erstellen, die es erlaubt, die Umsetzbarkeit zu überprüfen.

Das betrifft natürlich Teams mit wirtschaftlicher Kompetenz und Verantwortung, aber letztlich alle Teams, da jedes Team seine beschränkten Ressourcen richtig einsetzen muss und möchte.

	Kosten (Aufwand)	Nutzen
Lösung 1		
Lösung 2		
Lösung 3		
...		

Mögliche Kriterien zur Bewertung von Lösungsalternativen sind auch:

- ❑ einfache Lösung
- ❑ Tragweite der Lösung
- ❑ geringer Aufwand
- ❑ Praktikabilität
- ❑ verbesserte Qualität
- ❑ einfache Handhabung
- ❑ Sicherheit
- ❑ zukunftssichere Lösung
- ❑ attraktive Lösung
- ❑ Anwendungsbreite
- ❑ im Einklang mit Zielen
- ❑ sichere Lösung
- ❑ hoher Nutzen
- ❑ Alltagstauglichkeit
- ❑ geringe Kosten
- ❑ geringer Aufwand
- ❑ bequeme Lösung
- ❑ verbesserte Arbeitsbedingungen
- ❑ gute Akzeptanz
- ❑ zeitgemäße Lösung
- ❑ mit der Lösung verbundene Probleme schnell umzusetzen

(vgl. dazu Jünger: Teamtraining)

Wichtig sind dann klare Vereinbarungen, was als Lösung gewählt wird und wie die Lösung umgesetzt wird. Halten Sie die Ergebnisse schriftlich fest!

Die einfachste Form, die Ergebnisse festzuhalten ist, einen Maßnahmenplan zu erstellen. In diesem Plan wird genau festgehalten, wie die Lösung umgesetzt wird.

Eine sehr einfache und praktikable Struktur für einen Maßnahmenplan ist die Gliederung nach diesen Fragen/Aspekten:

- Was ist zu tun?
- Wer tut es?
- Wann?
- Wer unterstützt bei der Aufgabenstellung?
- Wem ist das Ergebnis mitzuteilen?

Egal, welche Lösungen Sie im Team gefunden haben, mit den richtigen Strategien haben Sie gute Chancen, dass es Ihnen auch gelingt.

Darauf sollten Sie achten:
Suchen Sie immer nach Lösungen und nicht nach Hindernissen!

7.7 Wertekompetenz – Werte und Haltungen abstimmen und sich auf das Gemeinsame einigen

Es erleichtert die Teamarbeit, wenn das Team gemeinsame Werte in den Grundhaltungen seiner Arbeit besitzt. In vielen Teams in sozialen Organisationen habe ich stark individualisierte Arbeitsansätze erlebt; wenn diese aber mit den anderen Teammitgliedern nicht abgestimmt sind, kann das zu Konflikten führen. Gemeinsame Werte und Haltungen erlauben es uns, die Arbeit gemeinsam auszurichten.

Beispiel (aus der Beratungspraxis des Autors)
Im Wohnbereich eines Altenheims haben sich die Mitarbeiter nicht über ihre Arbeitsansätze geeinigt. Da nicht schichtübergreifend gearbeitet wurde, war jede Mitarbeiterschicht davon überzeugt, den besten Arbeitsansatz zu haben.
Für die Bewohner des Heimes hatte das zur Folge, dass sie unterschiedlich versorgt und gepflegt wurden. So wurden in der einen Schicht die Bewohner angekleidet und ihnen die Mahlzeiten am Tisch gereicht. Der Kleiderschrank dieser Bewohner wurde in dieser Schicht nach einem bestimmten Prinzip geordnet. In der anderen, der sogenannten ‚Gegenschicht' wurden den Bewohnern die Mahlzeiten mehrheitlich im Bett gereicht, da damit der gesamte Betreuungs- und Pflegeaufwand geringer war. Weil die Kleiderschränke der Bewohner durch die Vorschicht nach einem bestimmten Prinzip geordnet waren, man aber in dieser Schicht dieses Ordnungsprinzip nicht vertrat, wurden die Schränke in dieser Schicht noch einmal neu geordnet. Diesen zusätzlichen Arbeitsaufwand recht-

fertigte man damit, dass die andere Schicht einen falschen Arbeitsansatz vertreten würde, den man so korrigieren wolle.

Da in den eingeteilten Schichten die Mitarbeiterinnen und Mitarbeiter nicht rotierten, Übergabezeiten auf ein absolutes Minimum reduziert waren und es Teambesprechungen mit allen Beteiligten nicht gab, fand ein kommunikativer Austausch über die unterschiedlichen Arbeitsansätze nicht statt. Vielmehr war jede Schicht davon überzeugt, dass sie den richtigen Ansatz vertreten würde und die jeweils andere Schicht die Bewohner falsch betreuen und versorgen würde. Bei Bewohnern und Angehörigen führte dies zur Verunsicherung und bei den Mitarbeiterinnen und Mitarbeitern zu entwertenden Konflikten mit der anderen Schicht.

Daraufhin wurde ein Prozess der Auseinandersetzung mit den Arbeitsansätzen der jeweils anderen Schicht organisiert. Das Rotieren der Mitarbeiterinnen und Mitarbeiter in den Schichten und das Organisieren eines verstärkt kommunikativen, sozialen Austausches über die Arbeitsansätze löste das Problem.

Das Beispiel macht deutlich, wie wichtig es ist, die Arbeit so zu organisieren, dass sich alle damit gleichermaßen identifizieren können. Für unsere Kunden und Klienten ist es wichtig, einen zuverlässigen Partner zu haben, dessen Team gemeinsam an einem Strang zieht. Von außen wird die gleiche gute Qualität der Arbeit erwartet, egal wer gerade im Dienst ist. Die Arbeitsauffassung sollte dabei von einer ähnlichen Grundhaltung getragen werden, die das Gemeinsame in der Arbeit fördert. Individuelle Unterschiede in den Arbeitsansätzen erhöhen die Vielfalt der Möglichkeiten, wirken sich aber da konflikthaft aus, wo sie nicht kommuniziert, durch alle getragen und von allen akzeptiert sind. Daher sollte sich jedes Team darum bemühen, gemeinsam an seinen Werten in der Arbeit, seiner Haltung zur Arbeit und an seinen pädagogischen, therapeutischen, pflegerischen und arbeitsorganisatorischen Grundsätzen zu arbeiten. Auch eine gemeinsam getragene Auffassung von der Qualität der Arbeit und der Arbeitsabläufe sollte bestehen bzw. entwickelt werden.

7.8 Teamführungskompetenz – Führen können und Führung akzeptieren

Jedes Team sucht in Phasen der Verunsicherung oder der Entscheidung nach Führung. Entweder wird dieses Bedürfnis durch eine informelle oder durch die formelle Teamleitung beantwortet, die dem Team Orientierung und Sicherheit bei Entscheidungen gibt. Bei schwachen Führungskräften wird der Mangel an Führung durch dominante, dem Team Orientierung gebende Mitarbeiterinnen und Mitarbeiter deutlich. Innerhalb des Teams sind es häufig die Meinungsführer, die die Rolle oft sogar ungewollt wahrnehmen, insbesondere dann, wenn ein Führungsvakuum vorhanden ist. Das kann manchmal auch daran liegen, dass ein Team gar nicht geleitet werden will und mit der formalen Führungskraft heftig darum konkurriert wird, wer eigentlich das Sagen hat.

Ich habe Teams erlebt, die jedes Jahr eine neue Teamleitung gesucht haben, weil sie sich jedes Mal mit ihrer Leitung überworfen haben. Interessanterweise war sich das Team immer einig, dass keiner aus dem Team diese Leitung übernehmen könnte. Also wurden immer wieder neue Führungskräfte von außen geholt, die das Team in seiner Einigkeit der Ablehnung der Leitung regelmäßig auflaufen ließ. Die Führungskräfte, die sich auf die Leitungsstelle beworben hatten, kannten den inneren Zustand des Teams mit seinen Blockaden und Machtansprüchen vorher nicht. Ergebnis: Nach einiger Zeit haben die Führungskräfte dieses Teams immer wieder das Handtuch geworfen.

In einem anderen Fall wurde jedes Mal nach der Probezeit das Team befragt, ob es die Führungskraft behalten wolle. Wenn die neue Teamleitung einen Führungsanspruch innerhalb des Teams formulierte, wurde sie regelmäßig vom Team abgelehnt. Die Entscheidung, ob ein Team eine Führungskraft behält, darf nicht allein durch das Team gefällt werden. Hier geben die Träger dieser Einrichtungen die Verantwortung an eine Ebene ab, die, wenn sie geführt werden soll, diese Entscheidung nicht treffen kann. Wie will man aber ein Team führen, das man nicht führen darf, weil man sonst entlassen wird? Hier gilt anschaulich: „Wer den Teich trockenlegen will, darf nicht die Frösche fragen."

Sicherlich sollte ein Team beschreiben dürfen, wie die Zusammenarbeit mit der neuen Führungskraft klappt, aber die Entscheidung, ob sich die neue Führungskraft bewährt hat, sollte immer auf einer höheren Ebene der Organisation, auch unter Einbezug weiterer aussagekräftiger Informationen, gefällt werden.

Teams sollten grundsätzlich die Bereitschaft haben, mit ihren Führungskräften zusammenzuarbeiten. Das Gleiche soll selbstverständlich auch von Führungskräften erwartet werden. Sie müssen bereit sein, sich auf ihr Team einzustellen und eine wertschätzende konstruktive Zusammenarbeit anstreben.

Wer sich selbstbewusste, kompetente und selbstständig handelnde Mitarbeiterinnen und Mitarbeiter in seinem Team wünscht, darf sein Team nicht bevormunden oder mit Druck und Drohungen das Team leiten. Diese Verhaltensweisen lassen die Motivation und Leistungsbereitschaft im Team sinken.

Reaktionen der Anpassung durch das Team sind lediglich eine Illusion für eine scheinbar harmonische Zusammenarbeit mit der Führungskraft und haben auf Dauer wenig Bestand.

Die Führungskraft bestimmt mit ihrem Führungsverhalten und -handeln die Form der Zusammenarbeit, dadurch prägt sie entscheidend die Leistungsfähigkeit der Teammitglieder und den Teamgeist. Dabei ist sie aber darauf angewiesen, dass ihr Führungsangebot an das Team von den Teammitgliedern ebenso konstruktiv erwidert wird. Die Führung eines Teams bedeutet dann, der Erste unter Gleichen zu sein, nicht mehr, aber auch nicht weniger.

Reflexionskompetenz – aus Fehlern lernen und sich als Team weiterentwickeln

Ein Team, das sich weiterentwickeln möchte, braucht eine ausgeprägte Reflexionskompetenz, um das professionelle Handeln und die Zusammenarbeit zu reflektieren, denn nur dadurch ist die erfolgreiche Arbeit eines Teams langfristig gesichert. Zur Reflexionskompetenz gehört es, das eigene Handeln zu hinterfragen, sich und den anderen Teammitgliedern Fehler einzugestehen, Kritik an der eigenen Leistung, dem Verhalten und Handeln zuzulassen, wenn sie wertschätzend und konstruktiv geäußert wird. Gleichzeitig gehört aber auch dazu, lösungs- und ressourcenorientiert über die Arbeit nachzudenken und zu diskutieren. Die Grundlage hierfür ist eine offene und vertrauensvolle Zusammenarbeit im Team, die die kritische Auseinandersetzung mit der Arbeit erst ermöglicht. Gerade in sozialen Arbeitsbereichen ist die Wirkung der eigenen Persönlichkeit das Handwerkszeug, das zum Handeln dazugehört. Viele emotionale, manchmal auch persönlich belastende Arbeitsanteile müssen verarbeitet werden, daher sollte der offene Austausch hierüber im Team selbstverständlich und auch verpflichtend sein, da so gegenseitig Entlastung geschaffen wird.

In vielen sozialen Organisationen ist zu beobachten, dass sich in den Teamsitzungen zwar die Zeit genommen wird, die Arbeitsabläufe zu organisieren, aber zu wenig Austausch darüber stattfindet, wie die Arbeit von den Teammitgliedern bewältigt wird. Hierzu gehört auch, dass in Fallbesprechungen über den Umgang mit den betreuten Personen und auch deren Angehörigen gemeinsam nachgedacht wird. Das heißt zum Beispiel für eine Kindertagesstätte, dass die Erzieherin nicht nur berichtet, wie sie mit dem Kind gearbeitet hat, sondern sich auch im Team darüber ausgetauscht wird, wie die Aktivitäten vom Kind, seinen Eltern und ihr selbst wahrgenommen werden.

Solche Fallbesprechungen sind in Organisationen mit einem qualitativ hohen Anspruch selbstverständlich, sie fehlen aber da, wo das Team nicht gelernt hat, das eigene professionelle Handeln systematisch zu überprüfen. Langfristig betrachtet bedeutet das einen Verlust der Arbeitsqualität. Der Austausch in der Fallberatung trägt dagegen neben der weiteren Qualitätsentwicklung auch zur Psychohygiene der Mitarbeiter bei, die so emotional belastende Arbeitsanteile besser verarbeiten und ihr Handeln neu ausrichten können.

Die persönliche Bereitschaft, sein berufliches Handeln offen darzustellen und seine Fehler im Team zu thematisieren, gehört dazu. Aus Fehlern, die offengelegt werden, kann nicht nur der Einzelne, sondern auch das ganze Team lernen. Problematisch sind in jedem Team die Fehler, die verschwiegen werden, weil sie sich in der Regel auch auf andere Arbeitsabläufe auswirken. Dass Fehler während eines Arbeitsprozesses gemacht werden, ist völlig normal, wenn es nicht zu viele sind. Fehler können nur dann reduziert werden, wenn die Ursachen dafür analysiert werden und das Handeln verändert oder verbessert wird. Doch damit dies geschehen wird, muss sich im Team eine vertrauensvolle und offene Atmosphäre entwickeln können. Es braucht dabei auch Teampersönlichkeiten, die ihre Stärken, Schwächen und Grenzen kennen und zugeben können, und eine Fehlertoleranz der Organisation. Gleichzeitig ist es in diesen Reflexionsprozessen wichtig, dass das Eingestehen von Fehlern nicht, wie oft befürchtet, zum Nachteil wird. Vielmehr ist die Suche nach den Ressourcen und Potenzialen des Teams der Schlüsselfaktor dafür, dass das Team aus Fehlern lernen kann und in der Lage ist, seine Arbeit weiter zu optimieren und handlungssicher zu werden.

Diese Reflexionskompetenz entwickelt sich erst in gefestigten Teams, in denen auf Wertschätzung geachtet wird und die Kommunikation nicht durch Rivalitätsverhalten und Killerphrasen geprägt ist. Diese Reflexionskompetenz bedarf einer sensiblen Entwicklung und Pflege. Sie braucht dafür einen Ort und Zeit, in der das Team sich diesem ergebnisfördernden Austausch widmet. Je nach Arbeitsgebiet und Größe des Teams sollte man sich zwei bis vier Stunden im Monat hierfür Zeit nehmen. Diese Zeit zu erübrigen, ist durch Schichtdienst und Arbeitsverdichtung in vielen Teams oft nicht leicht zu organisieren, wenn alle aus dem Team an diesem Austausch teilnehmen sollen. Langfristig gesehen ist das jedoch eine lohnende Form, die Arbeitsqualität des Teams und die weitere qualitative Teamentwicklung abzusichern.

Teams sind, wenn sie über viel Reflexionskompetenz verfügen, in der Lage, sich selbst durch kollegiale Beratung zu unterstützen. Kollegiale Beratung stößt an ihre Grenzen, wenn die Komplexität der Arbeitssituation mehr Reflexionstiefe erfordert oder wenn in den Fallbearbeitungen unterschwellige Teamkonflikte mit thematisiert werden.

In der Regel ist es einfacher und effektiver, wenn ein externer Supervisor die Arbeit mit den Teammitgliedern reflektiert und diesen Besprechungen eine professionelle Struktur gibt. Mit der Rückmeldung eines Außenstehenden erhält das Team neue Impulse, die das Team unterstützen, sich weiterzuentwickeln. Externe Beratung kann Entwicklungsprozesse anstoßen, gezielt fördern und entscheidende Impulse zur Qualitätsentwicklung geben.

Teamführung – im Spannungsbogen zwischen Führungsaufgabe und Teammitgliedschaft

8

„Behandle die Menschen so, als wären sie, was sie sein sollten, und du hilfst ihnen zu werden, was sie sein können.“
Johann Wolfgang von Goethe (1749–1832), dt. Dichter

8.1 Die Rolle der Teamleitung

Bei der Rolle der Teamleitung handelt es sich grundsätzlich um eine Führungsposition, die vor allem in sozialen Organisationen immer eine Reihe von Besonderheiten aufweist. In der Regel ist die Teamleitung nicht nur Chefin oder Chef, sondern zugleich auch aktives Mitglied im Team. Vielfach ist die Teamleitung (oder eine von mehreren Teamleitungen) auch Einrichtungsleitung. Selten übernehmen Teamleitungen mit vorheriger Führungserfahrung diese Aufgabe, vielmehr sind es Mitarbeiter, denen aufgrund ihres Engagements in der Einrichtung die Aufgabe der Teamleitung übertragen wurde. Durch ihre Ausbildung sind die wenigsten Teamleitungen auf diese Aufgabe vorbereitet. Fort- und Weiterbildungen, die die Kompetenzen der Leitungs- und Führungskraft weiterentwickeln, sind allen Teamleitungen daher nur anzuraten.

Teamleitungen in sozialen Organisationen haben oft den Spannungsbogen zwischen Führungsaufgabe und Teammitgliedschaft zu bewältigen. Auf der einen Seite wird vom Träger und der Organisation erwartet, dass sich die Teamleitung in der Führungsaufgabe bewährt, auf der anderen Seite wünscht sich das Team von der Teamleitung viel Verständnis auf einer kollegialen Ebene für die Arbeits- und Teamsituation. Je nachdem, wohin die Teamleitung mehr tendiert, erfährt sie Zustimmung oder Ablehnung von der einen oder der anderen Seite. Wer diesen Spannungsbogen nicht erträgt, läuft Gefahr, unter der Teamleitungsfunktion zu leiden. Teamleitung darf aber auf keinen Fall bedeuten, in der Führungsarbeit mit dem Team zu leiden.

Vor allem diejenigen, die die Aufgabe der Teamleitung neu übernehmen, müssen sich in die Doppelrolle als Führungskraft und Teammitglied hineinfinden. Das ist noch schwieriger, wenn man aus dem eigenen Team in die neue Rolle hineinberufen wurde, weil dann die Mitarbeiter den ehemaligen Kollegen mit verständnisvollen und sozialen Erwartungen überhäufen, die das Arbeiten in der Rolle der Führungskraft blockieren können. Eine Gefahr ist es, wenn sich die neue Führungskraft ihren Mitarbeitern gegenüber als Gleicher unter Gleichen verhält und nicht als Erster unter Gleichen präsentiert. Die Teamleitung läuft dann Gefahr, dass die Teammitglieder gerade in der Ablehnung von übertragenen Aufgaben immer wieder auf der kollegialen Ebene reagieren und die Führungsrolle nicht akzeptieren. Es kommt dann vor, dass die Mitarbeiter einen Teil der operativen Aufgaben, die die Führungskraft delegiert hat, an sie zurückdelegieren. Rückdelegation nennt sich dieses Phänomen, das häufig jüngeren bzw. unerfahrenen Teamleitungen die Arbeit erschwert.

Beispiel

In einem ambulanten Pflegedienst wird die Teamleitungsfunktion auf eine sehr engagierte, junge Mitarbeiterin übertragen. Aufgrund ihres bisher gezeigten Engagements wird die Leitungsübernahme durch die junge Kollegin von allen Teammitgliedern begrüßt, da sie sich erhoffen, dass sie sich besonders für die Teambelange gegenüber der nächsten Führungsebene einsetzt.

Die neue Teamleiterin versucht, die Teamaufgaben neu zu organisieren und delegiert einige Leitungsaufgaben an andere Teammitglieder. Diese reagieren darauf unterschiedlich. Die einen freuen sich, dass ihnen mehr Verantwortung übergeben wird, die anderen fühlen sich mit den zusätzlichen Aufgaben überlastet und überfordert.

So versuchen sie, diese Aufgaben zurückzudelegieren, indem sie anfangen, mit der neuen Leitung über die Zuständigkeiten zu streiten und ihr unkollegiales Verhalten vorwerfen. Es gipfelt in der Aussage eines Teammitgliedes: „Wir sind enttäuscht darüber, wie du dich in der Teamleitung verändert hast, das hätten wir von dir nie gedacht."

Die neue Teamleitung, die den bisher guten kollegialen Kontakt zu ihrem Team in Gefahr sieht, übernimmt wieder selbst mehr Aufgaben und die Abgabe von Aufgaben an einzelne Teammitglieder bleibt die Ausnahme. Sie fühlt sich dadurch zunehmend mit der Aufgabe der Teamleitung überfordert.

Neue Teamleitungen werden von den Teammitgliedern in ihren Aussagen und Verhaltensweisen genau beobachtet. Die Mitarbeiter wollen dadurch herausfinden, was der Führungskraft gefällt oder missfällt. Sie wollen in Erfahrung bringen, wie man bei ihr punkten kann, was ihr Missfallen erregt, und suchen nach Berechenbarkeit. Das Bedürfnis, herauszufinden, wie die Teamleitung „tickt", ist dabei nur verständlich. Nichts scheint schlimmer zu sein als Teamleitungen, die launisch und nicht einschätzbar sind. Das ist ebenfalls nachvollziehbar und umgekehrt gibt es wohl auch kaum Führungskräfte, die Mitarbeiter wegen ihres launischen Verhaltens wertschätzen.

Auch wenn Mitarbeiter, wie häufig zu beobachten ist, das launische Verhalten ihrer Vorgesetzten stillschweigend ertragen, belastet es die Arbeitsatmosphäre nicht selten erheblich, da launische Verhaltensweisen wenig Orientierung bieten und somit zur Verunsicherung führen. Führungskräfte sollten daher immer bedenken, dass unbedarfte emotionale Aussagen und abfällige Gesten von den Mitarbeitern auf Goldwaagen gelegt werden und das Standing der Teamleitung dadurch im Team allzu schnell und unnötig verspielt wird. Sollten Sie sich als Teamleitung einmal im Ton vergriffen haben, zeigen Sie Größe und entschuldigen Sie sich, das erhöht Ihre Akzeptanz im Team, wenn Sie dabei Ihr Verhalten nicht gleichzeitig rechtfertigen.

Um ein neues Team richtig kennenzulernen, sollte sich eine Teamleitung mindestens ein Jahr Zeit nehmen und gemeinsam mit dem Team einen Jahreszyklus durchlebt haben. Wenn mit der Teamleitung auch noch gleichzeitig die Einrichtungsleitung übernommen wurde, sollte man sich noch mehr Zeit dafür geben, da auch lange dafür gebraucht wird, die wichtigen Außenkontakte zu gestalten. In der Regel wird Leitungen aber leider nicht so viel Zeit gegeben und der Erwartungsdruck auf die neue Führungskraft durch das Team, die Organisation, die Trägervertretung und die Öffentlichkeit ist in der Regel groß. Leitungscoaching unterstützt diese Phase, das bewahrt in der Regel vor „Schnellschüssen" in der Führungssituation und gibt Sicherheit, die Rolle als Teamleitung kompetent zu gestalten und zu entwickeln.

Wer neu als Teamleitung in ein Team kommt, sollte auch darauf achten, dass er die Vergangenheit des Teams wertschätzt. Dazu gehört nicht nur, den Finger auf alles zu legen, was geändert werden soll, sondern auch herauszustreichen, was gut läuft und weiterhin Erfolg verspricht. Denn neue Führungskräfte, die auch Bewährtes zu schätzen wissen und das deutlich machen, gewinnen Sympathie und Ansehen. Aus diesem Grund ist auch wichtig, am Anfang kleinere Projekte anzugehen, die schnelle Erfolgserlebnisse versprechen und kurzfristig abgeschlossen werden können. Dadurch gewinnt die Teamleitung Vertrauen und nichts schweißt besser zusammen als der gemeinsame Erfolg.

Hierfür ist es auch wichtig, dass die Führungskraft vonseiten der Organisation mit entsprechenden Führungs- und Entscheidungskompetenzen ausgestattet wird und auch einen Rahmen vorfindet, in dem eine entwicklungsfähige Teamarbeit möglich ist. Dies ist in sozialen Organisationen nicht immer selbstverständlich. Die Ausstattung der Führungssituation ist dann mehr eine Koordinationsaufgabe, als dass sie ein verantwortliches Handeln im Bereich von Fach- und Dienstaufsicht erlaubt. Dies erschwert die Teamführung, da die Teammitglieder bei allen für sie wichtigen Fragestellungen die nächsthöhere Führungsebene ansprechen und die Teamleitung dadurch umgehen. So kann die Teamleitung in ihrer Führungsfähigkeit schnell durch die Teammitglieder ausgehebelt werden und sogar ein Boykott der Teamleitung bei unliebsamen Entscheidungen ist möglich.

Beispiel

Die frühere Leiterin eines Teams in einem Kinderheim ist zur Bereichsleitung aufgestiegen. Sie verfolgt nach wie vor mit großem Interesse die Arbeit ihres früheren Teams und pflegt auch weiterhin die persönlichen Kontakte zu den Teammitgliedern.

Als die neue Teamleitung die Dienstpläne mit dem Team abspricht, kommt es zu Unstimmigkeiten, eine Mitarbeiterin ist damit überhaupt nicht einverstanden. Als sie sich mit ihren Wünschen an den Dienstplan nicht durchsetzen kann, spricht sie ihre ehemalige Teamleiterin, also die jetzige Bereichsleitung an. Die Bereichsleiterin interveniert daraufhin und die Mitarbeiterin erhält ihren Wunschdienstplan. Die Intervention der Bereichsleitung geschah ohne Rücksprache mit der Teamleitung.

Das Team hat aus dieser Situation gelernt, dass die „richtigen" Entscheidungen nicht durch die neue Teamleitung getroffen werden und es immer die Möglichkeit gibt, seine Teamleitung zu umgehen.

Das Beispiel macht deutlich, dass Strukturen und Verhaltensweisen auf der höheren Führungsebene einer Organisation die erfolgreiche Arbeit einer Teamleitung stark beeinflussen können.

Übung für Teamleitungen

Mit welchen Kompetenzen ist Ihre Funktion durch die Organisation ausgestattet?

____

____

____

Was brauchen Sie zusätzlich, um Ihre Teamleitung besser gestalten zu können? Mit wem müssen Sie darüber ins Gespräch kommen?

____

____

____

Welcher Teamleitungstyp sind Sie? 8.2

Wie sich eine Teamleitung durchsetzt, ist auch davon abhängig, wie sie die Rolle als Leitungs- und Führungskraft wahrnimmt. Sich selbst grundlegend einzuordnen, ist am einfachsten mithilfe von Typisierungen möglich, wovon mehrere in der Literatur zu finden sind. Auch wenn diese zum Teil ihre wissenschaftliche Begründung schuldig bleiben, geben sie in der Praxis gute Orientierung. Als plausibel und hilfreich hat sich eine Unterscheidung in vier Teamleitungstypen nach Niermeyer erwiesen. Die Typen kommen – und das ist bei den meisten Modellen so – in unterschiedlicher Ausprägung vor.

Die vier Teamleitertypen

1. Abtaucher

Der Abtaucher ist wenig präsent. Er hat eine sehr gering ausgeprägte Sach- und Personenorientierung und befindet sich im Umgang mit seinen Mitarbeitern in einer schwierigen Situation. Der Abtaucher lässt sich wie folgt beschreiben:

- Er prägt sein Team nicht wirklich.
- Seine Anweisungen sind kurz und ohne Erläuterungen.
- Gespräche und Kontakte meidet er eher.
- Er ist ständig (selbst) beschäftigt.
- Er kontrolliert die Ergebnisse nicht.

Wird er zu seinem Verhalten befragt, sagt er beispielsweise: „Ich sage ja meinen Mitarbeitern, was zu tun ist, aber ich kann doch keinen dazu zwingen, das dann auch zu tun."

In Teams mit einem Abtaucher setzen sich oft die informellen Strukturen durch, beispielsweise übernehmen dominante Teammitglieder auf der informellen Ebene Leitungsaufgaben. Bei diesem Teamleitungstyp besteht ein hoher Entwicklungsbedarf, da Führungsstruktur und Durchsetzungsstärke fehlen.

2. Therapeut

Der Therapeut ist deutlich präsent. Er hat eine starke Personenorientierung, demgegenüber aber nur eine relativ schwache Sachorientierung.

- Ihm ist wichtig, dass sich alle im Team wohlfühlen.

- Er ist deutlich den Mitarbeiterbedürfnissen zugewandt und behandelt Mitarbeiter einfühlsam.
- Insgesamt verfügt er über hohe soziale Kompetenzen.
- Die Verfolgung der Teamziele kann ins Hintreffen oder sogar ins Abseits geraten.

Ein Problem des Therapeuten kann darin bestehen, dass sich im Team die Macher frustriert fühlen und dass die nächsthöhere Führungsebene die Leistungsfähigkeits des Teams als zu gering einschätzt.

Dieser Teamleitungstyp ist durch gezielte Fördermaßnahmen in seiner Führungskompetenz entwickelbar, beispielsweise durch einen erfahrenen Mentor oder Coach.

3. Einpeitscher

Der Einpeitscher hat eine sehr hohe Sach- und Zielorientierung. Die Personenorientierung ist bei ihm gering ausgeprägt.

Beim Einpeitscher kann es zum Problem werden, dass er zu Beginn wegen seiner pragmatischen Herangehensweise geschätzt wird, aber das Team mittelfristig enttäuscht, wenn er die Teambedürfnisse aufgrund seiner mangelnden Personenorientierung ignoriert.

4. Leader

Der Leader ist der Idealfall eins Teamleiters.

- Er versteht es, die Balance zwischen individuellen Bedürfnissen und den Teamergebnissen herzustellen.
- Er bringt das Team dazu, seine Synergiepotenziale voll zu nutzen.
- Die Teammitglieder arbeiten erfolgreich.

Der Leader hat kein Problem, sondern die Teammitglieder fühlen sich in ihrem Team und mit der Teamleitung wohl und zeigen Ergebnisse.

(Darstellung der Teamtypen in Anlehnung an Rainer Niermeyer: „Teams führen", S. 74 ff, Haufe-Verlag, Freiburg 2012)

Während der Abtaucher weder personen- noch sachorientiert ist und (zu) wenig Führungsqualitäten zeigt, haben Therapeut und Einpeitscher zwar notwendige Qualitäten, sind aber zu einseitig orientiert.

Es ist die Balance zwischen Personen- und Zielorientierung, die eine erfolgreiche Teamleitung ausmacht.

Der Wohlfühlfaktor in einem Team, der durch eine wertschätzende und klare zielorientierte Atmosphäre geprägt ist, entscheidet darüber, ob ein Team dauerhaft erfolgreich besteht. Bedenken sollte man immer: Wenn es im Team nicht stimmt, verlassen zuerst die Flexibelsten und Kompetentesten das Team, um sich andere Aufgaben und ein anderes Team zu suchen. Die Teamatmosphäre konstruktiv weiterzuentwickeln, ist daher auch immer eine Kernaufgabe der Teamleitung.

Kernaufgaben der Teamleitung

Die Kernaufgabe einer Teamleitung liegt nicht im fachlichen, sondern im kommunizierenden und koordinierenden Bereich. In den Verantwortungsbereich der Teamleitungen gehört es, Entscheidungen zu treffen und nach außen zu vertreten. Die Teamarbeit ist dabei so zu koordinieren, dass sie reibungslos verläuft. Nach innen hat die Teamleitung in erster Linie eine beratende Funktion für die Teammitglieder, nach außen ist die Teamleitung jedoch Verfechter und Repräsentant des Teams.

Hier die Aufgaben der Teamleitung in einer Zusammenfassung:
- Repräsentation des Teams nach außen
- Zusammenhalten des Teams nach innen
- Festlegung der Teamziele
- Zielorientierung des Teams
- Festlegung der Ziele der einzelnen Teammitglieder
- Entscheidungen treffen
- Transparente Kommunikationsstrukturen herstellen
- Koordination der Tätigkeiten im Team
- Beratung der Teammitglieder bei offenen Fragen
- Moderation von Konflikten unter den Teammitgliedern
- Lösungsorientierung des Teams unterstützen
- Reflexionsräume für das Handeln im Team organisieren
- Organisation der Teamentwicklung

(Zusammenstellung orientiert an Rainer Niermeyer: „Teams führen“, S. 72, Haufe-Verlag, Freiburg 2012)

Für die Teamleitung besteht immer auch das Problem, dass sie für das Scheitern des Teams verantwortlich gemacht wird; daher ist es wichtig, bei Fehlentwicklungen im Team rechtzeitig gegenzusteuern.

Übung

Welche der oben aufgelisteten Teamleitungsaufgaben nehmen Sie wahr?

(Sie können die Aufgabe auch aus Sicht als Teammitglied bearbeiten: Welche Aufgaben nimmt Ihre Teamleitung wahr?)

____

____

____

Welche fehlen?

___

___

Was hindert Sie, die fehlende(n) Aufgabe(n) zu übernehmen?

___

___

Entwickeln Sie die Bereitschaft, Ihre Führungssituation zu analysieren. So erhalten Sie einen besseren Eindruck darüber, wer was wie von Ihnen in der Führungsrolle erwartet. Sie erhalten so auch Informationen darüber, wodurch evtl. innerer oder äußerer Druck in Ihrer Führungssituation entsteht und was Sie besonders im Blick behalten sollten.

Versuchen Sie, folgende Fragen für sich zu beantworten:

- Ihre Ziele bei der Übernahme der Teamleitung sind ...?
- Welche Ziele haben Sie mit dem Team und einzelnen Mitarbeitern?
- Die Erwartungen Ihrer Mitarbeiter an die Führungskraft sind ...?
- Die Erwartungen Ihrer Klienten und Kunden an Sie als Führungskraft sind ...?
- An welchen Zielen werden Sie gemessen?
- Welche Veränderungen streben Sie an?
- Für welche Veränderungen haben Sie bereits Akzeptanz?
- Was sind Ihre drei wichtigsten Ziele?
- Welche Ziele können Sie in einer Vision bündeln?
- Welche Herausforderungen sehen Sie in der Führungsaufgabe?
- Wo finden Sie Verbündete und Unterstützer?
- Wodurch sichern Sie Ihre Problemlösungskompetenz?

Übung

Was sind für Sie die drei wichtigsten Fragen in der Führungsrolle?

1. ___
2. ___
3. ___

Wie schaffen Sie dafür Lösungen?

___

___

___

Die Rolle der Teamleitung ist mit ihren anspruchsvollen Fragestellungen und Anforderungen immer eine Rolle, die mit Erwartungen von vielen Seiten überhäuft wird. Dabei ist es besonders wichtig, sich auch selbst nicht aus dem Blick zu verlieren. Wo bleiben persönliche Bedürfnisse, mit wem kann ich die täglichen Eindrücke sortieren, wie können Entscheidungssituationen systematisch analysiert werden? Nicht zuletzt: Wo bleibt die eigene, persönliche Befindlichkeit?

Wenn Sie als Teamleitung alleine hierzu keine Antworten finden, fragen Sie führungserfahrene Kollegen oder Freunde und sprechen Sie mit diesen über Eindrücke und Ideen. Suchen Sie sich Menschen, mit denen Sie sich hierüber vertraulich austauschen können. Kollegen, Freunde oder der eigene Partner werden hierfür gerne herangezogen. Dabei ist allerdings zu bedenken, dass diese, weil sie Ihnen nahestehen, befangen sind. Sie haben zwar die Bereitschaft, Ihnen zuzuhören und wollen Sie auch unterstützen, sie neigen aber dazu, Ihre Führungssituation nur aus Ihrer Perspektive wahrzunehmen und werden meistens positiv für Ihr Verhalten und Handeln argumentieren. Das stärkt zwar in unsicheren Situationen, kann aber dazu führen, dass Kritisches in der Reflexion ausgeblendet wird.

Die Alternative ist ein professionelles Leitungscoaching, das Sie in der Führungsrolle begleitet. Dies garantiert objektiveres Feedback, kompetente Impulse, Unabhängigkeit und Vertraulichkeit. Viele Führungskräfte lassen sich allerdings ungern beraten, da sie dann das Gefühl haben, sie würden ihrer Führungsrolle und ihren persönlichen Ansprüchen nicht gerecht. Dabei ist das Annehmen von Unterstützung der erste Schritt, sich weiterentwickeln zu können. Erstaunlicherweise ist das Annehmen von Hilfe bei juristischen oder steuerlichen Fragen im Beruf wesentlich akzeptierter. Auf der Stelle treten, trotz Anstrengungen in der Führungsaufgabe mit dem Team nicht richtig weiterkommen oder (neue) anspruchsvolle Aufgaben erfüllen zu müssen, sind jedoch klare Indikatoren dafür, Unterstützung, z.B. in Form eines Coachings, zu suchen.

Loben – ein Motivationsförderer durch die Teamleitung 8.4

Die Erfahrung mit Beratung und Training in sozialen Organisationen zeigt, dass dort eher selten gelobt wird. Über die Gründe kann man nur spekulieren. Klienten sind entweder nicht der Lage zu einem positiven Feedback oder aufgrund ihrer Situation gehindert. Häufiger bekräftigen sich Kolleginnen und Kollegen wechselseitig. In der Führung klafft jedoch vielfach eine Lücke zwischen Theorie und Praxis. Die Führungslehre beinhaltet in den allermeisten ihrer Ausprägungen ein systematisches Feedback als wichtiges Führungsinstrument, wozu als ein Element das Lob gehört – um die Motivation zu unterstützen. In der Praxis wird jedoch erstaunlich wenig gelobt. Als Teamleitung sollte man das „Instrument Lob" viel weiter gehender und vor allem richtig nutzen.

Grundsätzlich sollte jede Mitarbeiterin und jeder Mitarbeiter in einem sozialen Beruf natürlich nicht nur darauf warten, gelobt zu werden, um motiviert zu arbeiten. Eine Bekräftigung der geleisteten Arbeit ist auch durch die positive Entwicklung der Klienten oder durch die Zufriedenheit der Kunden zu finden. Manchmal kann man auch dadurch Anerkennung entdecken, dass man sich für seine Leistung besonderen Kollegenneid erworben hat. Frei nach dem Motto: „Den Neid hat man sich verdient, das Mitleid bekommt man umsonst."

Das Lob durch die Teamleitung zielt darauf ab, das gewünschte Arbeitsverhalten zu würdigen und die Leistungsbereitschaft weiter zu verstärken.

(Reflexions-)Übung

Wann haben Sie Ihre Mitarbeiter das letzte Mal gelobt?

____

____

Entwickeln Sie eine systematische „Kultur des Lobens". Überlegen Sie drei Dinge für jede/n Ihrer Mitarbeiter/-innen, die diese geleistet haben und die Sie an ihnen schätzen.

	Lobenswerte Leistung		
	1	2	3
Mitarbeiter 1			
Mitarbeiter 2			
…			

Eine solche „Kultur des Lobens" ist nicht einfach zu erreichen, wenn in einer Organisation eine Kritikkultur herrscht. In einer solchen Kritikkultur werden die Defizite benannt, aber die besondere Leistung wird wenig gewürdigt, etwa nach dem Motto: „Nicht kritisiert ist schon gelobt."

Distanzieren Sie sich von einer solchen Auffassung und setzen Sie Lob gezielt ein, um die Leistungen in Ihrem Team zu würdigen und um damit für die weitere Leistungsbereitschaft zu motivieren. Auch Loben braucht Regeln:

Fünf Regeln für konstruktives Loben

1. Aufrichtiges Anerkennen: Ehrlichkeit ist die Grundvoraussetzung. Die Führungskraft muss die lobenden Worte genau so meinen, wie sie sie sagt. Loben um des Lobens willen ist in der Regel kontraproduktiv. Mitarbeiter spüren die Diskrepanz zwischen Aussage und Gefühl sehr genau. In diesem Fall entstehen Vermutungen wie z.B.: Wie hat meine Teamleitung das jetzt gemeint? Bin ich jetzt gelobt worden,

weil ich in der Arbeitssituation X gut gearbeitet habe oder werde ich gerade gelobt, weil ich gleich eine unangenehme Aufgabe, wie z. B. die Übernahme des Nachtdienstes akzeptieren soll?

2. Erklärend loben: Den Mitarbeitern sollte genau klar sein, für welche Leistung gelobt wird und warum die Teamleitung dies als lobenswerte Aufgabe sieht, z.B.: „Es war bewundernswert, mit welcher Umsicht, Sensibilität und welchen klaren Strukturen Sie das schwierige Klientengespräch geführt und so eine große Bereitschaft der Klienten zur Zusammenarbeit erzeugt haben."
3. Unregelmäßig verstärken: Lob funktioniert wie jede andere Form der Belohnung auch als Verhaltensverstärker. Die besten Ergebnisse werden erzielt, wenn es unregelmäßig ausgesprochen wird. Loben Sie dann, wenn Ihnen eine Leistung besonders aufgefallen ist. Sie sollten sich aber auch fragen, was los ist, wenn Sie ein Teammitglied schon lange nicht mehr loben konnten oder wollten.
4. Über Selbstverständlichkeiten schweigen: Für Aufgaben, die den Mitarbeiter nicht sonderlich fordern, sollte die Führungskraft auch kein Lob verteilen, denn dann könnte sich der Mitarbeiter in seiner Wertschätzung beleidigt fühlen. Lob würde dann auch als inflationär erlebt und wenig ernst genommen werden.
5. Nur für Spitzenleistungen öffentlich loben: Ein öffentliches Lob wirkt besonders stark. Um Neid zu vermeiden, ist es wichtig, darauf zu achten, dass die Mitarbeiter die zu lobende Leistung genauso wertschätzen. Es besteht immer die Gefahr, dass eine ähnlich zu lobende Leistung eines anderen Mitarbeiters übersehen oder in der Vergangenheit nicht gelobt wurde.

(Regeln in Anlehnung an Andree Martens: Manager-Seminare, 08.2012)

Lob stärkt die Arbeitsfreude, den Gemeinschaftsgeist und sogar die Gedächtnisleistung, wie Neurowissenschaftler herausgefunden haben. Bei dem Fernbleiben von Wertschätzung erhöht sich dagegen das Risiko, stressbedingt zu erkranken. Die persönliche, mündliche Anerkennung durch die Führungskraft ist mit Abstand der wichtigste Faktor für das psychische und das psychosomatische Wohlergehen. Das hängt auch damit zusammen, dass der Mitarbeiter, der von seiner Führungskraft öfters einmal gelobt wird, Kritik nicht so leicht „in den falschen Hals" bekommt.

Sowohl Lob als auch Kritik kommt beim Mitarbeiter also immer als eine doppelte Botschaft auf der Sach- und Beziehungsebene an: Die Teamleitung schätzt meine Arbeit, sie schätzt mich. Sie schätzt meine Arbeit nicht, sie schätzt mich nicht. Die Beziehungsteile der Botschaft lassen sich aufrechnen. Man kann sich das vorstellen wie ein „Beziehungskonto". Jedes Lob ist eine Einzahlung. Jede Kritik eine Abbuchung. Ist das Konto im Minus, ist die Beziehungsebene gestört, dann wird selbst konstruktive wohlmeinende Kritik sofort persönlich genommen. Ist das Konto dagegen gut gefüllt, so kann die Teamleitung auch einmal einen größeren Betrag abbuchen, also auch tiefer gehende Kritik anbringen, ohne ins Minus zu rutschen. Grundsätzlich gilt: Wer pro Kritik dreimal lobt, hat immer ein ordentliches Polster.
(vergl. Heidrun Vössing in: „Loben lernen", in einem Artikel von Andree Martens in Manager-Seminare, 08.2012)

Loben Sie immer den Einsatz, nicht die Eigenschaften. Dem Mitarbeiter muss klar werden, für welche Leistung er gelobt wird und aus welchem Grund die Teamleitung dies als etwas Besonderes ansieht. Je konkreter, desto besser ist der eine Grundsatz für gutes Loben.

Der andere Grundsatz lautet: Je schneller, desto besser. Um andere wertschätzen und loben zu können, muss man sich auch selbst loben und wertschätzen können. Auch die Selbstwertschätzung sollte authentisch sein. Wenn Teamleitungen sich Zeit nehmen und echtes Interesse an der Arbeit des Mitarbeiters zeigen, erleben diese das dann auch als Wertschätzung.

Chefs, die meinen, sie machten keine Fehler, oder glauben, ohne sie funktionierte gar nichts, werden von selbstbewussten kompetenten Mitarbeitern nicht wirklich ernst genommen. Schon aus diesem Grund ist es immer vorteilhaft, sein Selbstbild und seine persönlichen „Großartigkeitsfantasien" mit dem Fremdbild seines Teams abzugleichen und sich auch selbst ausreichend zu reflektieren.

8.5 Situative Teamführung – den richtigen Führungsstil für die Situation wählen

Wie anspruchsvoll die Aufgabe der Führung von Teams ist, ist jedem bewusst, der unterschiedlich leistungsfähige und leistungsbereite Mitarbeiter zu führen hat. Der eingesetzte Führungsstil sollte dabei zur Führungssituation und zu den unterschiedlichen Teammitgliedern passen.

Das heißt, man hat nicht den einen Führungsstil, sondern muss den Führungsstil an die Situation und die entsprechenden Mitarbeiterinnen und Mitarbeiter anpassen. Hersey/Blanchard (1986) haben dazu das Reifegradmodell entwickelt, in dem die Effizienz des Führens abhängig gemacht wird von der Anpassung des Führungsstils der Führungskraft an den Entwicklungsstand des Mitarbeiters, immer bezogen auf eine bestimmte Aufgabe. Sie unterscheiden in ihrem Führungsansatz zunächst vier verschiedene Verhaltensweisen, wie die Führung auf die Ziele bzw. die Aufgabe und auf die Mitarbeiter ausgerichtet sein kann:

1. Stark zielbezogene Führung heißt nach diesem Modell umfassende Lenkung des Mitarbeiters, d.h. die Führungskraft gibt genau vor, was, wozu und wie der Mitarbeiter etwas zu tun hat.
2. Wenig zielbezogen ist eine Führungskraft dann, wenn sie wenig lenkend eingreift und delegiert, ohne viel zu kommentieren.
3. Stark mitarbeiterbezogene Führung heißt: Viele Gespräche, viel Anerkennung, Anleitung und Hilfestellung.
4. Wenig mitarbeiterbezogene Führung: kaum Anleitung und Hilfestellung.

Aus den möglichen Kombinationen dieser ziel- und mitarbeiterbezogenen Verhaltensweisen ergeben sich vier unterschiedliche Führungsstile (S1 bis S4).

Je nach Kompetenz und Engagement des Mitarbeiters unterscheiden Hersey/Blanchard weiterhin vier verschiedene Entwicklungsgrade (E1 bis E4).

Nach diesem Modell wählt die Führungskraft bei der Führung von Mitarbeitern (und weiter gehend der Personalentwicklung) immer bewusst einen konkreten Führungsstil. Dazu muss sie die Aufgaben einordnen können und unvoreingenommen einschätzen, welche Mitarbeiter – bezogen auf die Aufgabe – welche Fähigkeiten und Kompetenzen mitbringen und welches Engagement sie zeigen.

		Ziel- bzw. Aufgabenbezogenheit	
		gering	hoch
Mitarbeiterbezogenheit	hoch	Führungsstil S3: **Unterstützung**	Führungsstil S2: **Anleitung**
	gering	Führungsstil S4: **Delegation**	Führungsstil S1: **Unterweisung**

Führungsstile im Überblick (nach Hersey/Blanchard)

Ziel- bzw. Aufgabenbezogenheit umfasst Zielesetzen, Planen, Entscheiden und Kontrollieren. Wenn dies die Teamleitung in hohem Ausmaß (selbst) tut, liegt der Schwerpunkt für die Führung auf den sachlichen Zielen und auf der Führungstechnik. Die Mitarbeiter erhalten weit gehende Vorgaben, was sie wie tun sollen.

Mitarbeiterbezogenheit baut demgegenüber auf der sozialen Kompetenz auf, bezieht die Sichtweisen und Wünsche der Mitarbeiter ein, es wird kommuniziert und motiviert und es werden möglichst gemeinsame Lösungen gesucht.

In dieser Beschreibung steckt keine Bewertung, sondern jeder der sich daraus ergebenden vier Führungsstile kann je nach Situation sinnvoll und richtig oder nicht geeignet sein. Das Konzept des situativen Führens basiert zum einen auf dem richtigen Zusammenspiel zwischen dem Maß an direktivem Verhalten (= aufgabenbezogen) und dem Maß an sozioemotionaler Unterstützung (= mitarbeiterbezogen) durch die Führungskraft sowie zum anderen auf dem Reifegrad des Mitarbeiters.

Der Reifegrad des Mitarbeiters bzw. eines Teams ergibt sich wiederum aus zwei Komponenten:

1. Aus den Fähigkeiten des Mitarbeiters bzw. des Teams im Hinblick auf die Aufgabe. Diese umfassen Wissen und Können, konkrete Fertigkeiten, Erfahrungen etc.
2. Aus der Leistungsbereitschaft, d.h. dem Willen, die notwendige Leistung für die Aufgabe zu erbringen. Dies erfordert Motivation, das Selbstvertrauen, die Aufgabe bewältigen zu können, und je nach Aufgabe weitere Bedingungen.

Aus der Kombination dieser zwei Komponenten ergeben sich wiederum vier mögliche Reifegrade, die in der Tabelle veranschaulicht werden.

		Fähigkeiten	
		gering	hoch
Leistungsbereitschaft	hoch	Noch fehlende Kompetenzen für die Aufgabe, aber gute Leistungsbereitschaft / hohe Motivation Reifegrad 2	Die Kompetenzen für die Aufgabe und ein hohes Maß an Engagement sind gegeben Reifegrad 4
	gering	Noch fehlende Kompetenzen für die Aufgabe und wenig Leistungsbereitschaft, z.B. keine hohe Motivation Reifegrad 1	Die Kompetenzen für die Aufgabe sind gegeben, aber das notwendige Engagement fehlt Reifegrad 3

Reifegrade von Mitarbeitern

Die Reifegrade sind keine durchgängigen Persönlichkeitsmerkmale, sondern sie sind immer nur auf eine konkrete Aufgabe bezogen. Kein Teammitarbeiter ist reif oder nicht reif, sondern Menschen können unterschiedliche Reifegrade je nach der Aufgabe haben, um die es geht. Das gilt entsprechend für das gesamte Team. Auch bei einer gleichen Aufgabe kann der Reifegrad variieren, zum Beispiel, wenn weitere Faktoren sich positiv oder hinderlich auf das Engagement auswirken. Dass Teamarbeiter unterschiedliche Fähigkeiten haben und nicht alle Aufgaben gleich gut erledigen können, wissen wir von uns selbst und kennen es aus der Praxis.

Beispiel

Jemand kann hervorragend mit Jugendlichen in einer Jugendhilfeeinrichtung arbeiten, aber wenn er die Entwicklungsberichte über die Jugendlichen schreiben soll, fühlt er sich überfordert und schiebt diese ungeliebte Aufgabe vor sich her. Vielleicht liegt das Aufschieben aber gar nicht an mangelnder Schreibfähigkeit, sondern der Mitarbeiter ist dafür einfach nicht motiviert, weil er das Berichte-Schreiben als vertane Zeit ansieht, die er lieber mit den Jugendlichen verbringen möchte.

Als Teamleitung haben Sie zwei Möglichkeiten, sich auf die Situation einzustellen. Sie betrauen jeden Teammitarbeiter möglichst mit Aufgaben, die ihm entsprechen. Das wird in der Praxis aber vielfach nicht möglich sein. Oder Sie richten Ihren Führungsstil am jeweiligen Reifegrad des Mitarbeiters, bezogen auf eine jeweilige Aufgabe, aus.

Der Ansatz des situativen Führens geht dabei von folgender Grundüberlegung aus: In dem Maß, in dem der Reifegrad eines Mitarbeiters für die Bewältigung bestimmter Aufgaben zunimmt, sollte die Teamleitung ihr aufgabenbezogenes, direktives Verhalten reduzieren und ihr mitarbeiterbezogenes unterstützendes Verhalten steigern. Dies erfolgt bis zu dem Zeitpunkt, an dem der Mitarbeiter oder das Team einen mittleren Reifegrad erreicht hat. Die folgende Tabelle veranschaulicht diesen Zusammenhang.

Reifegrad	niedrig	mittel		hoch
	R1	R2	R3	R4
Fähigkeiten	niedrig	niedrig	hoch	hoch
Leistungsbereitschaft	niedrig	hoch	niedrig	hoch
passender Führungsstil	S1 Unterweisung	S2 Anleitung	S3 Unterstützung	S4 Delegation
	• Starke Aufgabenorientierung der Führung • Genaue Vorgaben • Kontrolle der Ergebnisse	• Überwachung der Aufgabenerfüllung • Besprechen von Entscheidungen • Vorschläge einholen	• Fachliche Selbstständigkeit • Entwicklung des Einsatzes • Motivation stärken • Hilfe bei Entscheidungen	• Selbstständiges Arbeiten • Eigene Entscheidungen • Verantwortung übergeben

Zuordnung der Führungsstile zu den Reifegraden

Um den Ansatz im Team nutzen zu können, muss die Teamleitung den Reifegrad der Teammitarbeiter bestimmen können. Dies erfolgt letztlich über eine Einschätzung, und dabei helfen folgende Fragen:

Zur Fähigkeit eines Mitarbeiters:
- Können fachliche Problemstellungen eigenständig bearbeitet und gelöst werden?
- Welches Wissen ist vorhanden? Welches Wissen muss noch erworben werden?
- Welches Arbeitsverhalten zeigt der Mitarbeiter? Wendet er die richtigen Methoden an, geht er planvoll vor, arbeitet er selbstständig?

Zur Leistungsbereitschaft eines Mitarbeiters:
- Ist der Mitarbeiter bereit, sich einzusetzen und etwas zu leisten?
- Ist er für eine hohe Leistung hinreichend belastbar?
- Ist der Mitarbeiter an neuen Aufgaben interessiert?
- Ist er interessiert und bereit, Verantwortung zu übernehmen?

Es liegt auf der Hand, dass situatives Vorgehen nach diesem Ansatz die folgenden drei Schritte vollzieht:

1. Jede Aufgabe wird möglichst konkret umrissen.
2. Der Reifegrad des Teammitarbeiters, der für die Aufgabe vorgesehen ist, wird eingeschätzt.
3. Danach wird der der Situation angemessene Führungsstil ausgewählt.

Beispiel für das Führen eines Teams nach dem Reifegradmodell

Das Team einer sozialpsychiatrischen Tagesstätte plant für seine Klienten eine Ferienfreizeit an der Nordsee. Vier Mitarbeiter von den neun Personen des Gesamtteams sollen die Freizeit organisieren und begleiten, die anderen machen weiter die Arbeit in der Einrichtung.

Vom Teamleiter wird Gustav als der erfahrenste Mitarbeiter, der schon mehrere Freizeiten geleitet hat, ausgewählt. Er wird beauftragt, mit den drei anderen Teammitgliedern (Melanie, Martin und Stefanie), die mit dieser Art der Freizeitgestaltung für ihre Klienten noch keine Erfahrung haben, zu planen, zu organisieren und auch die Freizeit für die 25 Klienten als Leiter zu begleiten.
(Gustav: Reifegrad 4)

Melanie ist als langjährige Mitarbeiterin im Umgang mit der Klientel sehr erfahren, sie zeigt aber wenig Interesse daran, über zehn Tage diese Fahrt zu begleiten und ist dementsprechend unmotiviert.
(Melanie: Reifegrad 3)

Martin arbeitet erst seit einem Jahr in der Einrichtung, manchmal ist er in der Arbeit mit den Klienten noch unsicher, aber er freut sich auf die Freizeit und fährt gerne mit.
(Martin: Reifegrad 2)

Stefanie ist Jahrespraktikantin in der Einrichtung, sie hat noch wenig Erfahrung in der Arbeit mit psychisch erkrankten Menschen und zeigt auch wenig Interesse, sich für die Ferienfreizeit zu engagieren.
(Stefanie: Reifegrad 1)

Der Teamleiter übergibt in einer Teamsitzung an Gustav aufgrund seiner Erfahrung und seines gezeigten Engagements bei der Durchführung und Planung ähnlicher Freizeiten den Auftrag, die Leitung und die Vorbereitung der diesjährigen Ferienfreizeit an der Nordsee zu übernehmen.
(S4 – delegierender Führungsstil)

Er hebt vor den anderen die große Erfahrung von Melanie hervor und macht ihr noch einmal deutlich, wie wichtig ihre Erfahrung in der Arbeit mit psychisch belasteten Menschen für das Gelingen der Ferienmaßnahme ist. Der Teamleiter fordert Melanie auf, dass sie sich über die Sehenswürdigkeiten und Freizeitangebote an dem gewählten

Ferienort informiert. Er bittet sie, in der nächsten Teamsitzung die gefundenen Möglichkeiten und Angebote dem Team zu präsentieren.
(S3 – unterstützender Führungsstil)

Martin wird beauftragt, schon einmal den Tagesablauf für die Klienten in der Freizeit zu planen. Falls er Unterstützung braucht, kann er sich an Gustav wenden.
(S2 – anleitender Führungsstil)

Der Teamleiter bittet Stefanie, die Einladung für die Klienten zu entwerfen. Er erwartet, dass die Einladung so formuliert wird, dass die Klienten sich gerne an dem Angebot beteiligen. Er bittet sie, den ersten Entwurf am nächsten Tag vorzulegen. Am nächsten Tag spricht er den Entwurf mit ihr durch, weist sie auf Veränderungswünsche hin und macht ihr Verbesserungsvorschläge. Er bittet sie, diese Veränderungen in die Einladung zu übernehmen und ihm danach direkt für die Ergebnisprüfung wieder vorzulegen.
(S1 – unterweisender bzw. anweisender Führungsstil)

In der nächsten Teamsitzung werden von den vier Teammitgliedern die Ergebnisse der Planung der Maßnahme allen anderen Teammitgliedern vorgestellt und durch die Beiträge des Gesamtteams weiter optimiert.

Übung

1. Wählen Sie eine Aufgabe für Ihr Team und beschreiben Sie diese konkret!

___

___

___

2. Bestimmen Sie den Reifegrad der Teammitglieder, die diese Aufgabe übernehmen sollen.

___

___

___

3. Wählen Sie den passenden Führungsstil für jeden, der an der Aufgabe beteiligt ist. Was ist dabei zu beachten?

___

___

___

Erfolgreiche Teamführung bedeutet, unterschiedliche Persönlichkeiten, Fähigkeiten und Erfahrungen so einzusetzen, dass sie sich in ihren Kompetenzen ergänzen und nicht gegenseitig blockieren, wie z.B. durch unterschiedliche Arbeitsansätze bei pädagogischen Fragestellungen oder durch unterschiedliche Persönlichkeitsmerkmale. Das geschieht häufig, da bei der Bewältigung sozialer Aufgaben nicht unbedingt immer objektive Kriterien vorhanden sind, die klare und eindeutige Handlungsanweisungen ermöglichen. Hier ist im Teamalltag immer wieder Raum für Diskussionen notwendig, die Klarheit über die konkrete Aufgabe und die passenden Handlungsmöglichkeiten schaffen. Die Führungskraft koordiniert und moderiert solche Diskussionen. Sie entscheidet dann auch über die durch das Team eingebrachten Lösungsvorschläge.

Seien Sie sich der Stärken und Schwächen Ihres Teams bewusst. Versuchen Sie, mit den Möglichkeiten und Ressourcen in Ihrem Team so umzugehen, dass das Team durch die gestellte Aufgabe gefordert, aber nicht überfordert ist. Stimmen Sie Ihr Führungsverhalten darauf ab. Es macht wenig Sinn, wenn die Mitarbeiterinnen und Mitarbeiter, weil sie sich überfordert oder falsch angesprochen fühlen, etwas verweigern. Arbeiten Sie besser mit den Stärken des Teams und helfen Sie den Teammitgliedern dabei, ihre Schwächen auszugleichen. Entwickeln Sie hierzu mit Ihrem Team Ideen, wie Sie damit umgehen wollen, dann werden Sie auch für das Abbauen der Schwächen eine Lösung finden, die das ganze Team stärkt.

Stellen Sie die Teamarbeit in Ihrem Team unter ein Motto, mit dem sich alle identifizieren, z.B.:
„Wir arbeiten besser gemeinsam, Probleme löst niemand allein."

Ein solches Motto kann dem Team dabei helfen, das Besondere des Teams auf den Punkt zu bringen. Es macht deutlich, was das Team unter Teamgeist versteht und wie es sich den Herausforderungen stellt.

Das Gleiche lässt sich natürlich auch für die Führungssituation gestalten, z. B.:
„Ich möchte mein Team dazu ermutigen, das zu leisten, was in ihm steckt."

Übung

Analysieren Sie mit den folgenden Fragen Ihre Team- und Führungssituation:

1. Beschreiben Sie die Stärken und Schwächen Ihres Teams!

____

____

2. Was schätzen Klienten und Kunden an Ihrem Team?

____

____

3. Wann ist Ihr Team richtig gut?

4. Was erwartet Ihr Team von der Führungskraft?

5. Wie viel Führung braucht Ihr Team?

6. Wodurch lässt sich Ihr Team am besten führen?

7. Wer hat in Ihrem Team Problemlösefähigkeiten?

8. Was motiviert Ihr Team?

9. Haben Sie wirklich selbst Lust, dieses Team zu führen?

10. Wie zeigen Sie Ihrem Team, dass Sie gerne mit ihm zusammenarbeiten?

11. Fassen Sie Ihre Erkenntnisse zu einem persönlichen Führungsmotto für Ihr Team zusammen!

8.6 Mitarbeitergespräche als Führungsinstrument in der Teamarbeit

Mitarbeitergespräche sind in einer modernen Auffassung von Teamleitung nicht mehr wegzudenken. Sie dienen dazu, Mitarbeiter in ihrer Aufgabenbewältigung zu fördern und zu unterstützen.

Es kann unterschiedliche Anlässe für Mitarbeitergespräche geben, sie sollten aber immer vertraulich, wertschätzend und zukunftsweisend geführt werden. Dabei ist es erforderlich, die zu besprechende Situationen konkret zu beschreiben und mit Fakten zu belegen. Sie sollten immer der Situation entsprechend zeitnah erfolgen. Es macht wenig Sinn, Arbeitssituationen zu beschreiben, die Monate oder gar Jahre zurückliegen. Mitarbeitergespräche sollen konstruktiv und ergebnisorientiert verlaufen.

Anlässe für Mitarbeitergespräche können sein:

- Beurteilung
- Zielvereinbarung
- Entwicklung
- Delegation
- Schlechte Leistung
- Besonders gute Leistungen
- Übertragung neuer Aufgaben oder eines Projektes
- Weiterbildung
- Kompetenzüberschreitung
- Kompetenzerweiterung
- Trennung (z.B. Kündigung)
- Störung der Arbeitsatmosphäre
- Versetzung
- Auffälliges Verhalten (z.B. Sucht)

Zu beachten ist, dass manche Formen der Mitarbeitergespräche zustimmungspflichtig sind, d.h., dass die Mitarbeitervertretung zugestimmt haben muss.

Bereiten Sie sich auf ein Mitarbeitergespräch gut vor. Sie werden merken, je besser Sie vorbereitet sind, umso effektiver und konstruktiver werden Sie diese Gespräche führen. Wie an vielen Stellen in diesem Arbeitsbuch „arbeitet" diese Checkliste wieder beidseitig, d.h., diese Checkliste können Sie auch als Teammitarbeiter/-in nutzen, wenn Sie von Ihrer Teamleitung zum Gespräch eingeladen werden. Einige Punkte müssen Sie sinnfällig für Ihre Rolle als Mitarbeiter/-in umkehren.

Checkliste für Ihr Mitarbeitergespräch:

Vorbereitung

- Mit welchem Ziel wollen Sie das Gespräch führen?
- Welche Themen sollten angesprochen werden?
- Mit welchen Kompromissen im Gespräch wären Sie einverstanden?
- Welche Unterlagen und Fakten brauchen Sie für das Gespräch?
- Was wollen Sie kritisieren und was wollen Sie loben?
- Wie viel Zeit werden Sie für das Gespräch brauchen?
- Vereinbaren Sie mit dem Mitarbeiter einen Termin und nennen Sie ihm das Thema des Gesprächs.
- Wie wird Ihr Mitarbeiter auf diese Gesprächseinladung reagieren?
- Entwickeln Sie für sich einen roten Faden für den Gesprächsverlauf.
- Was vermuten Sie, wie der Mitarbeiter auf das angesetzte Gesprächsthema reagieren wird? Was sind seine Argumente dazu? Wie werden Sie argumentieren?

Im Gespräch

- Begrüßung
- Information über Gesprächszweck und Inhalt
- Auf konstruktives und wertschätzendes Gesprächsverhalten achten
- Stellungnahme des Mitarbeiters
- Aktives Zuhören
- Sachliche Argumentation
- Lösungsvorschläge durch den Mitarbeiter einfordern
- Eigene Lösungsvorschläge eventuell einbringen
- Gemeinsame Vereinbarung festhalten
- Lassen Sie das Gespräch durch Ihren Mitarbeiter noch einmal zusammenfassen, so wissen Sie, ob Sie sich wirklich verstanden haben. Ergänzen Sie dann noch offene Punkte oder zu berichtigende Punkte aus Ihrer Perspektive.
- Evtl. einen weiteren Gesprächstermin vereinbaren, an dem das Ergebnis des Gesprächs noch einmal überprüft wird.

Nach dem Gespräch

- Lassen Sie ein Kurzprotokoll vom Mitarbeiter anfertigen, damit können Sie überprüfen, ob Sie sich richtig verstanden haben. Sie können das Protokoll dann noch entsprechend ergänzen.
- Lassen Sie sich das Protokoll bei strittigen Gesprächsergebnissen vom Mitarbeiter schriftlich bestätigen.
- Wie bewerten Sie für sich den Gesprächsverlauf? Haben Sie Ihr Ziel erreicht? Welche Kompromisse konnten gefunden werden? Sind Sie mit dem Ergebnis zufrieden?
- Was müssen Sie noch beachten? Welche weiterführenden Maßnahmen sind jetzt notwendig?

8.7 Fallbesprechungen sichern die Arbeitsqualität des Teams

In sozialen Organisationen ist es wichtig, dass sich die Teams über ihre Arbeit austauschen. Das fördert auf der einen Seite den Informationsaustausch über die gemeinsame Arbeit, auf der anderen Seite kann sich die Arbeit über den kollegialen Austausch qualitativ weiterentwickeln und Entlastung für den Einzelnen bieten. So wird im Team gemeinsam nach Lösungen und besseren Handlungsalternativen gesucht. Hinzu kommt, dass die Arbeit eines jeden Mitarbeiters transparent wird und in der Wirkung auf seine Handlungsmöglichkeiten und -erfolge überprüft wird.

Es gibt immer wieder Teammitglieder, die sich ungern in die Karten ihrer Arbeit schauen lassen, teils aus Sorge, von anderen Teammitgliedern und der Leitung bewertet zu werden. Dadurch ist die Bearbeitungstiefe in der Fallbesprechung häufig begrenzt. Hier kann dann die Fallbearbeitung mit einem externen Supervisor weiterhelfen, der mit seinen Interventionsmöglichkeiten der Fallbearbeitung weitere hilfreiche Impulse geben kann und darauf achtet, dass nicht um die bessere Strategie miteinander im Team konkurriert wird.

Teamleitungen haben die Aufgabe, für den Austausch über die Klientenarbeit und Kundenarbeit Zeit, Raum und Struktur zu ermöglichen. Sie schaffen die Rahmenbedingungen, um auf diese Art die Arbeitsqualität zu sichern.

Mit der Struktur im nachfolgend abgedruckten Leitfaden lässt sich die Qualität der Fallbearbeitung in einem Team sichern. Fallbesprechungen sollten je nach Aufgabenfeld wöchentlich oder monatlich stattfinden und eine im Team abgestimmte, immer wieder praktizierte Struktur haben.

Wenn Ihnen Ihr Team signalisiert, dass es keine Fälle hat, die so interessant oder wichtig sind, dass man sie im Team thematisieren möchte, können Sie um die Arbeitsqualität und um die Offenheit in Ihrem Team besorgt sein. Konfrontieren Sie Ihr Team damit, dass Sie besorgt sind, denn es weist auf eine Konflikt- und Problementwicklung in Ihrem Team hin, Fallbesprechungen sind in der sozialen Arbeit ein Kontroll- und Qualitätsmerkmal.

Leitfaden für effektive Fallbearbeitung:

- Welcher Klient bzw. Kunde beschäftigt wie, wen und warum?
- Wer bereitet wie die Falleinbringung vor? (Darstellung auf Flipchart, Hand-out, Overhead oder Beamer)

Zeitliche Struktur absprechen

- Zeit für die Falleinbringung festlegen
- Zeit für die Fallbearbeitung festlegen
- Zeit für die Falllösung und Umsetzungsplanung festlegen
- Wer kontrolliert den zeitlichen Rahmen?
- Wer dokumentiert das Ergebnis?
- Wer moderiert?

Struktur in der Fallbearbeitung

- Meine/unsere Frage ist?
- Beschreibung der Fallgeschichte
- Beschreibung der Klienten- bzw. Kundengeschichte
- Beschreibung der wichtigen Aspekte des Fallgeschehens
- Ideenfindung für die Weiterentwicklung bzw. Lösung
- Bewertung der Ideen
- Entscheidung treffen, Umsetzung planen, Verantwortung klären und Zeitrahmen festlegen
- Wer? Macht was? Mit wem? Bis wann?

Ergebniskontrolle

- Controlling und Wiedervorstellungstermin vereinbaren
- Wer kontrolliert, wie und wodurch?

Konflikte im Team

9

„Harmonie braucht kein Mensch. Wenn Harmonie ein Garant für Erfolg wäre im Sport, dann würde ja die Thekenmannschaft Fußballweltmeister werden. Alle verstehen sich super und hinterher gibt's Bierchen."

Ralf Holtmeyer, Trainer des deutschen Ruder-Achters, der in London 2012 olympisches Gold gewann

Konflikte im Team sind, wenn sie richtig bearbeitet werden, auch immer eine Basis für neue Entwicklungen. Der erste Schritt, Konflikte im Team erfolgreich zu bearbeiten, ist daher, keine Angst vor Konflikten zu haben. Gehen Sie das manchmal diffus „Menschelnde" im Team konsequent und selbstbewusst an. In vielen Teams, die ihre Probleme vor sich herschieben, wird viel aneinander vorbeigeredet, aber zu wenig miteinander ehrlich gesprochen und sich ausgetauscht. Der Einzelne im Team muss seine Verantwortung und seinen Beitrag, sich aktiv an der Lösung von Konflikten zu beteiligen, genau kennen.

Für ihre Leistungen brauchen Mitarbeiter von der Teamleitung und den anderen Teammitgliedern Anerkennung und Unterstützung, sodass jeder sich motiviert fühlt, sich nach seinen Fähigkeiten und Ideen für die Verbesserung im Team einzusetzen. Innere Kündigung, Dienst nach Vorschrift oder Mobbing sind dagegen ein deutliches Zeichen gestörter betrieblicher Kommunikation und erfordern die Verantwortung und Anstrengung aller, sich um die Lösung von Konflikten im Team oder mit dem Team zu bemühen.

Nach Lösungen von Konflikten zu suchen ist dabei ratsamer, als Konflikte zu tabuisieren oder zu negieren. Die professionelle Konfliktbearbeitung kennt unterschiedliche Ansätze, und der Zugang, Konflikte lösen zu wollen, ist nur einer davon. In keinem Fall ist es aber ein gangbarer Weg, darauf zu hoffen, dass sich ein Konflikt von selbst auflöst. Konflikte unbeachtet oder mangels Konfliktlösekompetenz unbearbeitet zu lassen, ist fatal. Denn auch kleine Konflikte können große Auswirkungen haben, aus denen sich dann weitere Konflikte auf Nebenschauplätzen ergeben.

Häufig suchen die Konfliktparteien lieber nach Schuldigen anstatt nach Lösungen. Teamziele werden aus den Augen verloren, die Kommunikation zwischen den Beteiligten verflacht und beschränkt sich auf die notwendigen Formalitäten. Eine konstruktive Zusammenarbeit wird den vorhandenen Feindseligkeiten geopfert. Eine erfolgreiche Zusammenarbeit im Team wird mehr und mehr behindert. Neben der Demotivation, auch unbeteiligter Personen, können daraus Nachteile für die Klienten bzw. Kunden oder für die ganze Einrichtung entstehen. Das Team tritt dann auf der Stelle oder entwickelt sich sogar weiter zurück, bis manchmal nur noch eine Gruppe zerstrittener Mitarbeiterinnen und Mitarbeiter übrig bleibt, die sich engagiert gegenseitig entwerten.

Lösungen finden in der Konfliktbearbeitung 9.1

Aus Verlierern sollen Gewinner werden. Lösungsideen lassen sich nicht per Knopfdruck umsetzen. Der Weg von der Untersuchung des bestehenden Konfliktsystems über die Entwicklung effektiverer Strategien bis hin zur Umsetzung geplanter Veränderungen bedarf individueller Lösungsideen, um die vorhandenen Konflikte zu lösen. Dabei werden die unterschiedlichen Interessen und sich widersprechende Meinungen diskutiert, gegeneinander abgewogen und neu formuliert. Kooperativ wird eine Problemlösung angestrebt, die für alle Beteiligten annehmbar ist. Ziel ist es, das vorhandene Konfliktpotenzial im Team konstruktiv zu nutzen. Wenn keiner verliert, können alle nur gewinnen.

Das „Gewinner-Gewinner"-Modell setzt die Grundannahme voraus, dass beide Konfliktparteien gewinnen können, wenn keiner verliert. Der Konfliktpartner ist dabei der Partner, mit dem gemeinsam nach einer Lösung gesucht wird.

Die optimale Konfliktlösungsstrategie strebt immer eine „Gewinner-Gewinner"-Lösung an.

Aus kleinen Störungen können große Konflikte entstehen. Es ist dabei gleich, ob die Störungen und Konflikte mit Klienten bzw. Kunden (extern) oder mit Mitarbeitern, Vorgesetzten und Kollegen (intern) auftreten. Der gute Kontakt der Mitarbeiter untereinander wird in einem guten Kontakt zum Klienten bzw. Kunden weitergetragen. Innerbetriebliche Reibungsverluste sind häufig für Klienten bzw. Kunden schnell wahrnehmbar. So werden Absprachen nicht weitergegeben, Kundenwünsche an die Teamkollegin nicht herangetragen, aber auch nicht an die Teamleitung weitergegeben. Solche oder ähnliche Pannen treten immer wieder da auf, wo die Klarheit der Kommunikationsabläufe zu wenig Beachtung findet.

9.2 Wie erkennt man Konflikte im Team?

Um Konflikte lösen zu können, müssen sie erst einmal wahrgenommen werden. Das ist nicht immer ganz einfach, vor allem dann nicht, wenn Konflikte im Team tabuisiert werden oder unterschwellig ablaufen. Auch nicht offene Konflikte kommen häufig auf Nebenschauplätzen zum Vorschein.

Widerstand oder offen gezeigte Ablehnung deuten natürlich ebenso unmittelbar auf einen Konflikt hin wie eine feindselige Haltung oder sogar eine aggressive Kommunikation. Mitarbeiter, die ständig nur widersprechen, unwirsch reagieren, Dinge blockieren, freche oder verletzende Äußerungen machen, fordern den Konflikt geradezu heraus.

Es gibt aber auch weniger direkte Anzeichen. Diese reichen von Uneinsichtigkeit über Sturheit bis Desinteresse. Auch das Sich-Entziehen, z.B. das Vermeiden von Gesprächen oder das Ausweichen in Formalitäten, kann auf Konflikte hindeuten. Hohe Fehlzeiten oder Fehlen zu bestimmten Anlässen fallen ebenfalls in diese Rubrik. Im gesamten Team kann Fluktuation ein Alarmsignal sein.

Beispiel

Eine Teamleitung wurde neu von außen besetzt. Der neuen Teamleiterin war nicht bekannt, dass die Besetzung im Team umstritten war. Ein Teil der Mitarbeiter wollte aus seiner Sicht verfahrene Arbeitsstrukturen erneuern und plädierte für eine externe Besetzung. Ein anderer Teil wollte die Strukturen keinesfalls aufgeben und wünschte sich als neuen Leiter den Kollege X aus dem Team, der das Bestehende fortführen wollte.

Kollege X behandelt die neue Teamleitung freundlich und vermeidet jeden Anlass zur Kritik an ihm. Er mauert jedoch bei Anliegen, etwas in seinem Aufgabenbereich zu ändern, verweist oft auf die Vorschriften, hat immer eine Ausrede, er lässt zweimal eine Sitzung dadurch platzen, dass er kurzfristig dringend zum Arzt bzw. in einer familiären Angelegenheit weg muss. So kommt keine Zusammenarbeit in Gang. Die neue Teamleitung kann das Verhalten nicht deuten und weiß zunächst nicht, dass der tiefer liegende Grund ein echter Konflikt ist.

Übung

Überlegen Sie, ob Sie in Ihrem Team schon ähnliche Verhaltensweisen beobachtet haben, wie sie im vorangegangenen Text bzw. auch im Beispiel aufgeführt sind. Wie haben Sie oder andere Teammitglieder darauf reagiert?

____

____

____

____

Um Konflikte bearbeiten zu können, ist es ratsam, dass den Lösungsbeteiligten bewusst wird, wie Konflikte entstehen.

Der Kreislauf der Konfliktentstehung (auf der folgenden Seite abgebildet), erklärt recht gut, wie sich Konflikte entwickeln. So kann zu Beginn eine einfache Enttäuschung dazu führen, sich über ein Teammitglied zu ärgern. Dieser Ärger kann dazu veranlassen, diesem Teammitglied gegenüber misstrauischer zu werden. Dieses Misstrauen verändert das Kommunikationsverhalten und die Einstellung gegenüber dem Teammitglied. Die Schuld für die Enttäuschung sieht man dann bei dem anderen. Eine Vereinbarung, die scheinbar eine Lösung für belastende Arbeitssituationen geschaffen hat, wird getroffen, aber, um die eigenen Interessen weiterzuverfolgen unterlaufen, da noch nicht wirklich eine für alle Seiten befriedigende Konfliktlösung gefunden worden ist. Die Spannung zwischen den Beteiligten steigt, der Ärger übereinander wächst und der Kreislauf der Konfliktentstehung dynamisiert sich und eskaliert spiralförmig weiter.

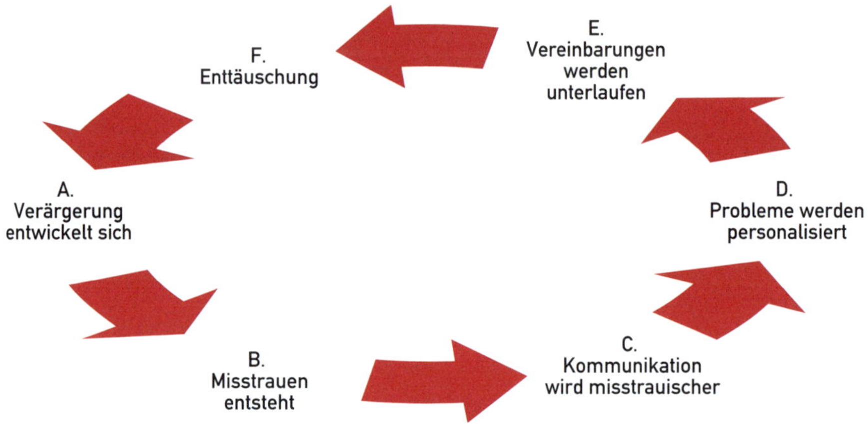

Kreislauf der Konfliktentstehung

Beispiel

In einem Team einer Suchtberatungsstelle kommt es aufgrund von unterschiedlichen Beratungs- und Therapieansätzen in der Fallbesprechung immer wieder zu endlosen Diskussionen über den richtigen Arbeitsansatz. Die Diskussion hierüber wird sehr heftig geführt und der Vorwurf wird laut, dass die Arbeit mit den Ratsuchenden besser funktionieren würde, wenn auch die beiden Teammitglieder Herr Müller und Frau Meyer den gleichen Arbeitsansatz verfolgen würden.

Herr Müller und Frau Meyer sind enttäuscht über die mangelnde Wertschätzung der anderen Teammitglieder und zunehmend darüber auch verärgert. Sie haben das Gefühl, dass man ihrer Arbeit nicht traut. In den weiteren Diskussionen über dieses Thema redet man engagiert aneinander vorbei. Herr Müller und Frau Meyer fühlen sich durch die Heftigkeit der Diskussion vom Team abgewertet. Es entsteht bei ihnen das Gefühl, dass es nicht mehr um die Sachdiskussion zu den unterschiedlichen Arbeitsansätzen geht, sondern dass sie persönlich dafür angegriffen und kritisiert werden, einen anderen Arbeitsansatz zu verfolgen. Eine Absprache im Team, dass man durch eine Hospitation bei den anderen Teammitgliedern sich über deren Arbeitsansatz näher informiert, wird zwar getroffen, aber angeblich aus „zeitlichen und organisatorischen" Gründen nicht wahrgenommen.

In der nächsten Teamsitzung wird ihnen von Herrn Müller und Frau Meyer Desinteresse und Boykott vorgeworfen. Beide werden noch verärgerter, die anderen Teammitglieder reagieren noch heftiger und machen die beiden für die Entwicklung des Konfliktes persönlich verantwortlich. Die weitere Zusammenarbeit wird distanzierter. In der nächsten Teamsitzung wird ... usw.

Wer der Auslöser des Konfliktes ist, lässt sich häufig nur vermuten. Dies ist aber auch für die Suche nach einer geeigneten Lösung nicht so wichtig. Es sind immer wieder unsere persönlichen Verhaltensweisen, die eine Konfliktbereitschaft oder eine Konfliktlösung unterstützen. So kann auch die Teamleitung mit ihrem Verhalten zur Konfliktentwicklung beitragen.

Einige Beispiele:

- Bevorzugung bestimmter Mitarbeiter
- Unzureichende Informationen
- Zulassen von Gerüchten
- Mangelnde Durchsetzungsfähigkeit
- Widersprüchliche Entscheidungen
- Chaotische Arbeitseinteilung
- Verunsicherung durch mangelnde Entscheidungstransparenz

Übung

Mit welchen Verhaltensweisen können Sie als Teamleitung oder Teammitglied die Suche nach Konfliktlösungen unterstützen?

____

____

Teams reagieren auf Konflikte recht unterschiedlich. Es sind dabei verschiedene Strategien zu beobachten, die auch die Fähigkeit oder Unfähigkeit zur Konfliktlösung deutlich machen. Sie signalisieren zugleich auch die Reife eines Teams, auftretende Konflikte zu bewältigen.

Folgende Verhaltensweisen der Konfliktbewältigung sind in Teams zu beobachten:

1. Vermeidung
Das Team bleibt an der Oberfläche. Die vorhandenen Konflikte werden geleugnet, vertuscht und verdrängt. Das Bedürfnis nach Harmonie ist sehr ausgeprägt, aber diese ist unecht. Bevor etwas strittig wird, geht man sich lieber aus dem Weg.

2. Eliminierung
Opponierende Teilnehmer werden veranlasst, das Team zu verlassen. Unbeliebte Teammitglieder werden behindert, umgangen oder gemobbt, z.B. durch Ignoranz oder Spott.

3. Unterdrückung
Die Mehrheit zwingt die Minderheit zum Sicheinfügen. Häufig wachsen im Laufe der Zeit dabei Widerstände, Spannungen und Feindseligkeiten, dies nach dem Motto: Wer sich nicht unterordnet, passt nicht in unser Team.

4. Zustimmung
Die Mehrheit im Team oder dominante Teammitglieder beherrschen das Team. Die Minderheit oder die weniger dominanten Teammitglieder passen sich an und stimmen den Dingen am Ende schnell zu.

5. Allianz
Die Konfliktparteien geben den Standpunkt nicht auf, schließen aber aus Klugheit ein Bündnis, um ein Ziel zu erreichen. Der Konflikt bleibt bestehen, bleibt aber unterschwellig.

6. Kompromiss
Häufig werden, wenn die Konfliktparteien etwa gleich stark sind, gegenseitige Eingeständnisse und Zugeständnisse gemacht.

7. Integration
Die reifste Form der Konfliktbewältigung im Team ist vorhanden, wenn widersprechende Meinungen diskutiert, gegeneinander abgewogen und neu formuliert bzw. Kompromisse gefunden werden. Das Team als Ganzes erarbeitet die Lösung, die alle befriedigt.

Übung

Welche Formen der Konfliktbewältigung finden Sie in Ihrem Team?

___

___

___

Was würde die Konfliktbewältigung Ihres Teams erleichtern?

___

___

___

9.3 Von der Konflikteskalation zur Konfliktbearbeitung

Unverarbeitete Konflikte haben oft dynamische Eigenschaften, sie neigen dazu, weiter zu eskalieren. Im Team ist es daher wichtig, dass der Konflikt so frühzeitig wie möglich bearbeitet wird. Je später eine Konfliktbearbeitung angegangen wird, umso schwerer ist es, eine Konfliktlösung zu finden. In der Politik finden wir zahlreiche Beispiele ungelöster Konflikte, die häufig nur durch Missverständnisse oder mangelnde Kommunikationsbereitschaft ausgelöst wurden. Hören oder sehen Sie sich einmal die täglichen Nachrichten an und Sie werden zahlreiche Beispiele für eskalierende Konflikte finden.

Auch in sozialen Organisationen sind Konflikte an der Tagesordnung, denn da, wo Menschen miteinander arbeiten, gibt es auch immer unterschiedliche Interessen. Konflikte sind daher auch in Teams etwas natürlich Menschliches, dennoch stören sie die

Zusammenarbeit erheblich, wenn sie nicht bearbeitet werden. Konflikte haben auch immer das Potenzial für eine Entwicklung, wenn rechtzeitig eingegriffen wird. Damit Sie die Anzeichen der Konflikteskalation frühzeitig wahrnehmen, möchte ich Sie mit den neun Stufen der Konflikteskalation vertraut machen.

Neun Stufen der Konflikteskalation im Team (orientiert an Friedrich Glasl)

(siehe auch http://www.managerseminare.de/Lexikon/Konflikt-Eskalationsmodell-nach-Friedrich-Glasl, 158155)

1. Verstimmung, Verärgerung, Verhärtung	▪ Differenzen und Verärgerung, über die nicht gesprochen wird ▪ dann Verfestigung und Verhärtung sowie Spannungen, die die Zusammenarbeit / die Teamarbeit beeinträchtigen ▪ Gespräche könnten die Probleme noch lösen helfen
2. Debatte bis zur Polarisierung	▪ Haltungen werden starrer, Diskussionen emotionaler ▪ unfaire verbale Kommunikation ▪ erste Parteienbildung innerhalb des Teams ▪ Sichtweisen werden schwarz-weiß gemalt
3. Taten anstelle von Worten	▪ Verlassen der thematischen Ebene, der Konfliktgegner wird lächerlich gemacht oder verletzt ▪ Reden wird als unnütz angesehen, nonverbales Verhalten (Körpersprache, Mimik, Gestik) nimmt stark zu ▪ Anwürfe, Blockade der Arbeit, im Team bewegt sich nichts mehr
4. Sorge um Image und Bildung von Koalitionen	▪ Sieg oder Niederlage wird zur zentralen Frage ▪ die Konfliktparteien verhalten sich rigoros und aggressiv, diskriminieren die Gegenpartei und nehmen diese als Feindbild wahr ▪ noch stärkere Parteienbildung im Team, Dritte werden zur Parteinahme gedrängt, offene Koalitionen entstehen
5. Gesichtsverlust und Demontage	▪ die Verunglimpfung der Gegenpartei steigert sich zum Ziel, deren Gesichtsverlust zu erreichen ▪ unfaire Mittel werden ohne Tabu genutzt, Konspiration betrieben, Beweise gegen die Gegenpartei gesammelt, Konsequenzen angedroht
6. Offene Drohstrategien	▪ die Eskalation gelangt auf einen emotionalen Höhepunkt ▪ der Konflikt steckt völlig in der Sackgasse ▪ keine Bereitschaft mehr zu Zugeständnissen, stattdessen wird Macht ausgespielt, um die Eskalationsdynamik in den Griff zu bekommen, z.B. durch Drohungen und Ultimatum (etwa Kündigung)
7. Begrenzte Vernichtungsschläge	▪ der Konfliktgegner wird nur noch als zu vernichtender Feind wahrgenommen, der als allein Schuldiger angegriffen wird ▪ ihm wird gezielt Schaden zugefügt (Unterlagen manipulieren, vertrauliche Informationen missbrauchen etc.), er soll aus dem Team ausscheiden
8. Zersplitterung	▪ das Ziel verengt sich völlig darauf, dass der Konfliktgegner vernichtet wird ▪ die Kommunikation mündet in kriegerische Terminologie
9. Gemeinsamer Untergang	▪ es ist keine Lösung mehr in Sicht und kein Weg zurück ins Stadium vor der Gewalt offen ▪ im Extremfall kommt es zur beiderseitigen „Vernichtung“, d.h. der Konflikt eskaliert, bis beide Konfliktpartner „k.o.“ sind (z.B. entlassen werden oder sogar das Team aufgelöst wird)

Auftreten von Eskalation

Letztendlich ergibt sich die Eskalation von Konflikten in Teams immer dann, wenn sie nicht rechtzeitig in ihrer Bedrohung ernst genommen und kompetent bearbeitet wurden. Manchmal kann das nur mit professioneller Hilfe eines Moderators bzw. Mediators von außen geschehen. Häufig wird nach meinen Beobachtungen aber daran gespart. Die weiteren Folgen werden selten bedacht, wie etwa manchmal lang andauernde und finanziell aufwändige juristische Auseinandersetzungen. Der rechtzeitige Einsatz professioneller Begleitung bei der Lösung von Konflikten ist, langfristig gesehen, auch immer eine Kosten reduzierende Lösung bei den Konfliktauswirkungen.

Um erfolgreiche Ansätze für die Konfliktbearbeitung im Team zu finden, ist die Auseinandersetzung eines jeden Teammitglieds über die eigenen Reaktions- und Verhaltensweisen in Konfliktsituationen ratsam. Nur wer sein eigenes Verhalten in Teamkonflikten selbst richtig einschätzen kann, ist in der Lage, andere Konfliktbeteiligte in ihren Reaktionsweisen besser zu verstehen.

Selbstcheck meines Konfliktverhaltens im Team

Im Konfliktfall sind viele Menschen geneigt, ihre sonst übliche Kontrolle über sich zu verlieren. Wenn Sie bei folgenden Fragen nicht genau wissen, wie Sie im Konfliktfall auf andere wirken, ziehen Sie zur Beantwortung der Fragen einen Vertrauten aus Ihrem Team oder einen Außenstehenden heran. Es lohnt sich, denn vielleicht können Sie auf diesem Wege wertvolle Einblicke in Ihre Konfliktdynamik erhalten und sich in neuen Konfliktsituationen lösungsorientierter verhalten.

Prüfen Sie sich selbst

- Wie reagieren Sie zu Beginn eines Konfliktes? Werden Sie z. B. durch Verunsicherung stur?
- Vermeiden Sie es, Ihren Gegner herunterzumachen, um selbstsicherer zu werden?
- Neigen Sie dazu, mimisch und gestisch Ihren Kontrahenten zu provozieren?
- Versuchen Sie, Dritte von der Richtigkeit Ihrer Position zu überzeugen, auch wenn Ihnen der Streitgegenstand schon aus dem Blickfeld gerät?
- Erzeugen Sie manchmal durch Angriffe auf die Persönlichkeit des Streitpartners ein aggressives Niveau, das Lösungen unmöglich macht?
- Verlieren Sie zuweilen die Einsicht, dass Ihre Meinung eventuell doch nicht die allein gültige sein könnte?
- Werden Sie manchmal ausfällig und vergreifen sich in der Wortwahl? Können Sie sich dann dafür entschuldigen?
- Gibt es Konfliktsituationen, in denen Ihnen alles egal wird und Sie auch Risiken für sich eingehen, nur um den Gegner zu überwältigen?

Haben Sie mehrere der Fragen mit Ja beantwortet?
Die Anzahl der bejahten Fragen gibt Ihnen eine Ahnung vom Grad der Aggressivität Ihres Konfliktverhaltens. Achten Sie darauf, welche Punkte auf Sie zutreffen – sie zeigen Ihnen, wo Sie Ihr Verhalten konkret überdenken und evtl. verändern sollten.

Übung

Was wird sich für Sie persönlich verändern, wenn Sie aufgrund der Reflexion Ihres Konfliktverhaltens in den nächsten Teamkonflikten vorteilhaftere Verhaltensweisen zeigen?

____

____

____

Bearbeitung von Teamkonflikten

Für die Bearbeitung von Teamkonflikten gibt es verschiedene Möglichkeiten. Jedes Team hat seine individuelle Strategie, mit Konflikten umzugehen. Oft sind Ansätze der Konfliktlösungen durch übliche Vorgehensweisen oder sogar durch Traditionen in der sozialen Organisation geprägt, nach dem Motto: Das haben wir schon immer so gemacht und jetzt sollen wir uns verändern. Nur weil man immer eine bestimmte Vorgehensweise gewählt hat, muss es noch lange nicht die richtige oder die beste sein. Vielleicht hat das Team bisher keine anderen Konfliktlösungsmöglichkeiten gekannt oder ausprobiert, weil diese zu ungewöhnlich erschienen. Eventuell wurden neue Vorschläge oder Anregungen der Konfliktbearbeitung aus dem Team wieder verworfen, weil sie im betreffenden Team nicht durchführbar erschienen. Wenn Sie erfolgreich mit Ihrem bisherigen Konfliktlösungsverhalten waren, sollten Sie dabei bleiben, es hat sich dann in Ihrer Praxis bewährt.

Sollte das aber nicht so sein, lohnt es sich immer, das Teamverhalten in Konfliktsituationen infrage zu stellen, um erfolgreicher reagieren zu können:

- Was tun wir dafür, dass der Konflikt erhalten bleibt?
- Was machen wir eigentlich, um den Konflikt zu lösen?
- Was machen wir, um es zukünftig besser zu machen?

Wer mit seiner Art der Konfliktlösung bisher nicht so erfolgreich war, dem bietet sich in der folgenden beispielhaften Gegenüberstellung die Möglichkeit, neue Impulse für die Bearbeitung von Konfliktlösungen im Team zu finden.

Der Konflikt taucht auf

Bisher im Team so ■ Streit wird vermieden ■ die Beteiligten sind höflich und rücksichtsvoll ■ der Konflikt wird heruntergespielt, aber nicht gelöst	Jetzt im Team besser so ■ der Konflikt wird erkannt und aufgegriffen ■ er wird bewusst gemacht und akzeptiert ■ Schritte zur Lösung werden eingeleitet
Der Konflikt bleibt unterschwellig bestehen und ■ man geht sich aus dem Weg ■ Vorurteile werden aufgebaut ■ Kontakte werden auf ein Minimum reduziert ■ anhaltende Spannungen bleiben bestehen	Der Konflikt wird akzeptiert und analysiert und ■ die Konfliktparteien werden festgestellt ■ die Interessen und Bedürfnisse der Konfliktparteien werden formuliert ■ die Konfliktinhalte werden versachlicht und klar begrenzt
Der Konflikt bleibt unbearbeitet und verursacht ■ persönliche Unzufriedenheit ■ schlechtes Arbeitsklima ■ mangelnde Kommunikation ■ wenig gegenseitige Information ■ weniger Verständnis ■ weniger Zusammenarbeit	Der Konflikt wird bearbeitet ■ Erarbeiten von lösungsorientierten Spielregeln ■ Vermeiden von Killerphrasen ■ Einwände werden ernst genommen ■ aktive Anwendung der Konfliktlösungsstrategien ■ externe Moderation wird frühzeitig hinzugezogen
Der unbearbeitete Konflikt breitet sich aus und sorgt für ■ die Verstärkung bestehender Konflikte ■ weitere Konfliktschauplätze im Team entwickeln sich ■ Demotivation in der Leistungsbereitschaft entsteht	Der Konflikt ist konstruktiv gelöst und ■ das dem Konflikt zugrunde liegende Problem wurde gelöst ■ die Beziehungen der Konfliktparteien sind positiv gestärkt ■ die Beteiligten sind mit dem Ergebnis zufrieden ■ die Konfliktlösung wirkt sich positiv auf das Arbeitsklima im Team und die Arbeitsmotivation aus

Es kommt also auf die Bereitschaft an, aktiv und konstruktiv an einem Teamkonflikt zu arbeiten. Die persönliche Einstellung und natürlich die grundsätzliche Einstellung des Teams können entscheidend dafür sein, ob die geplanten Lösungsstrategien auch Erfolg versprechend sind. Hier finden Sie einige Haltungen und Strategien, die Ihr Engagement, sich für eine Erfolg versprechende Konfliktlösung einzusetzen, fördern können:

- Die Gesprächspartner verstehen sich als Problemlöser. Als Ziel haben sie die Bereitschaft, einen kreativen Interessenausgleich (Gewinner-Gewinner-Strategie) herzustellen.
- Die Verhandlungspartner signalisieren Einigungsbereitschaft.
- Menschen und Probleme werden getrennt behandelt. Das heißt, Sachprobleme werden unabhängig von den Verhaltensweisen der beteiligten Personen geklärt.
- Die Gesprächspartner konzentrieren sich auf Interessen und nicht auf Positionen.
- Die Gesprächspartner erkundigen sich gegenseitig nach ihren Interessen.
- Die Gesprächspartner versuchen, das Ausüben von Druck zu vermeiden.
- Die Lösung orientiert sich an objektiven und nachvollziehbaren Kriterien.
- Versuchen Sie, ein für beide Seiten akzeptables Ergebnis zu erreichen.
- Verdeutlichen Sie möglichst konkret die Ziele, Vorteile und Nutzen einer interessenorientierten Einigung.
- Vereinbaren Sie Rahmenbedingungen und Spielregeln, Verfahrensweisen und Kommunikationsregeln, die zur weiteren Konfliktregelung konstruktiv beitragen werden.
- Formulieren Sie die Ziele konkret, verständlich und positiv!
- Achten Sie darauf, dass Ziele realistisch, erreichbar und überprüfbar sind.
- Die Konfliktpartner sollten jeder aus seiner Sicht beschreiben können, woran sie erkennen, dass das Ziel erreicht ist.

Wenn in Ihrem Team mit diesen Haltungen und Strategien gearbeitet wird, brauchen Sie keine Angst mehr davor zu haben, aktiv an Konflikten und deren Lösungen arbeiten zu müssen. Stellen Sie daher in Ihrem Team einmal diesen lösungsorientierten Ansatz vor und überlegen Sie gemeinsam, wie Sie damit in angespannten Teamsituationen konkret arbeiten können. Versuchen Sie, mit Ihrem Team diese Haltungen konkret zu formulieren, sodass sie dann, wenn sie gebraucht werden, in Ihrem Team umgesetzt werden können. Mein Vorschlag: Hängen Sie diese Haltungen und Strategien in einem Rahmen für alle sichtbar in Ihrem Personalraum auf, so ist die „neue" Umgangsweise mit Konflikten für alle jederzeit sichtbar.

Wie man Konflikte im Team gut löst 9.4

Neben den grundsätzlichen Vorüberlegungen zu Strategie und Haltung bei der Konfliktbearbeitung sind natürlich auch konkrete Schritte der Konfliktbearbeitung zu entwickeln und systematisch abzuarbeiten. Der erste Schritt ist das Akzeptieren des Konfliktes und seiner dynamischen und emotionalen Auswirkungen auf das Team. Der Schritt danach ist dann die Konfliktdiagnose, die es erlaubt, den Konflikt erst einmal wieder zu versachlichen, um nicht weiteren emotionalen Fehlinterpretationen zum Opfer zu fallen. Wenn Sie die Konfliktdiagnose im Team erstellen und das ganze Team an den Antworten beteiligt werden soll, ist es ratsam, wenn die Fragen und Antworten auf einer Flipchart oder einer Pinnwand für alle visualisiert werden. Nach meinen Erfahrungen reicht nur darüber zu reden nicht aus, aber schon die Verschriftlichung trägt zur weiteren Versachlichung bei.

Konfliktdiagnose

Diese Fragen helfen klären:
1. Wie viele Beteiligte/Parteien sind in den Konflikt verwickelt?
2. Wer sind die beiden Konfliktpartner/-parteien?
3. Welche Ziele verfolgen sie?
4. Welche vertrauensbildenden Maßnahmen wurden bisher ergriffen?
5. Was sind die eigenen Streitpunkte?
6. Was sind die Streitpunkte der Gegenseite?
7. Worüber wird überhaupt gestritten?
8. Was kann den Konflikt eventuell entschärfen?
9. Welche Sicherheiten werden benötigt, um Zugeständnisse zu machen?
10. Welche Lösungsmöglichkeiten sind erkennbar?

Wenn Sie die Konfliktdiagnose mit Ihrem Team erstellt haben, können Sie mit den folgenden sieben Schritten eine sachliche und konstruktive Konfliktbearbeitung beginnen.

1. Schritt: Problembeschreibung
Beschreiben Sie das Problem so konkret wie möglich. Betrachten Sie den problematischen Sachverhalt aus unterschiedlichen Perspektiven – z.B. aus Sicht der Kollegen, des Kunden, der Vorgesetzten, der Qualität, der Zeitplanung usw. Vermeiden Sie Schuldzuweisungen für die Konfliktursache, sie behindern nur die Lösungssuche aus der Konfliktsituation.

Formulieren Sie mit den Beteiligten mehrere Beschreibungen des Problems. Wählen Sie die beste aus und versuchen Sie, sich hierüber zu einigen.

Achten Sie darauf, dass Sie nicht den zweiten Schritt vor dem ersten machen. Versuchen Sie im ersten Schritt, noch keine vermuteten Lösungsideen in die Problembeschreibung einzubauen. In der Praxis passiert das sehr schnell, lenkt aber von der sachlichen Problembeschreibung ab.

Kommen im Laufe der Problembetrachtung im Team neue Erkenntnisse hinzu, präzisieren und vervollständigen Sie die Problembeschreibung.

2. Schritt: Daten- und Faktensammlung
Sammeln Sie Daten und Fakten und formulieren Sie, wenn Sie darüber berichten, ohne Angriffe oder überflüssige ironische Bemerkungen. Sammeln Sie möglichst viele Daten, die zur Versachlichung beitragen. Sammeln Sie dabei stets nur Fakten und keine Vermutungen. Bewerten Sie Ihre Datensammlung nicht und leiten Sie hieraus auch noch keine Schlussfolgerungen ab.

3. Schritt: Ideen zur Konfliktlösung
Sammeln Sie möglichst viele Ideen, die zur Konfliktlösung beitragen könnten.

Lassen Sie auch ungewöhnliche Lösungsideen aus Ihrem Team zu, diese steigern in der Regel den kreativen Prozess der Lösungssuche. Führen Sie Ideen fort oder verknüpfen Sie diese mit anderen Ideen. Lassen Sie während der Ideensammlung noch keine Bewertung daran zu, da sonst das Sammeln von Ideen gestört und blockiert wird.

4. Schritt: Bewerten der Ideen
Bewerten Sie jetzt die Ideen zu den Lösungsansätzen. Überprüfen Sie Ihre Bewertungsmaßstäbe, indem Sie diese reflektieren und sich mit anderen darüber austauschen. Überprüfen Sie Ihr Datenmaterial auf Zuverlässigkeit. Wenden Sie Bewertungstechniken an, wie beispielsweise Prozentualisierung, Punkten, ABC-Analyse usw.

Stellen Sie auch Ihr eigenes Urteil über den Konflikt und die bisherigen Lösungsansätze noch einmal infrage.

5. Schritt: Auswählen von Lösungsansätzen
Entwickeln Sie dann Lösungsalternativen und wählen Sie die akzeptierteste und umsetzbarste Lösung aus. Beziehen Sie das Team oder den Konfliktpartner in die Bewertung mit ein. So können Sie diese auch an der Verantwortung für eine Lösung beteiligen. Stellen Sie für Ihren Lösungsansatz einen Realitätsbezug her. Benennen Sie die Grenzen, z.B. Kosten, Zeitaufwand, Personalressourcen usw., in denen eine Lösung möglich ist. Entscheiden Sie sich mit dem Team oder dem Konfliktpartner für eine Lösung, die die Mitarbeiter bzw. der Konfliktpartner und auch die Teamleitung mittragen können und vor allem mittragen wollen.

6. Schritt: Vereinbarungen treffen
Konkretisieren Sie die Schritte für die Konflikt- bzw. Problemlösung und legen Sie einen Zeitraum fest, in dem eine Lösung stattfinden soll.

Legen Sie gemeinsam einen Zeitpunkt der Zielerreichung und die Form der Überprüfung der Konflikte bzw. der Problemlösung fest. Treffen Sie eine Absprache über das weitere Vorgehen und über die Art, wie Sie die angestrebte Lösung in ihrer Wirksamkeit überprüfen.

7. Schritt: Ergebnisse sichern
Halten Sie das Ergebnis z. B. in einem Protokoll fest und beenden Sie die Problem- bzw. die Konfliktverhandlung offiziell. Jedem im Team sollte jetzt bewusst sein, dass ein Nachtreten nicht mehr akzeptiert wird. Fassen Sie die Inhalte und Absprachen der Konflikt- bzw. der Problembearbeitung zusammen. Drücken Sie Ihre Hoffnung auf zukünftig positives Konfliktlösungsverhalten aus. Danken Sie allen an der Problem- bzw. Konfliktlösung Beteiligten für die Bereitschaft, sich aktiv für eine Lösung zu engagieren.

Diese sieben Schritte bieten eine Erfolg versprechende Möglichkeit, Konflikte im Team konsequent und lösungsorientiert zu handhaben.

9.5 Konflikt- und Kritikgespräche sicher führen

Konflikt- bzw. Kritikgespräche einzelner Teammitglieder untereinander oder mit der Teamleitung über Verhaltensweisen oder über Arbeitsergebnisse gehören zu den häufig geführten Gesprächen in der Praxis. In solchen Gesprächen wird neben der falschen Tonlage und weiteren entwertenden Vorhaltungen nicht selten Demotivation hervorgerufen. Solche Gespräche sind dann entlastend für denjenigen, der sich über den angestauten Ärger noch einmal Luft machen konnte, aber eine gewünschte Verhaltensänderung wird durch die negative Art und Weise der Gesprächsführung blockiert. Wichtig in solchen Gesprächen ist es, dass Sie mit Ihrer Kritik Ihren Gesprächspartner motivieren, sein Verhalten oder seine Leistung zu überdenken. Konzentrieren Sie sich darauf, was Sie bei Ihrem Gesprächspartner erreichen wollen und nicht, was Sie bei ihm auf jeden Fall verhindern wollen. Ein guter Gradmesser für den richtigen Umgang mit Kritik ist daher immer wieder die persönliche Frage an sich selbst: Wie möchte ich auf mein Verhalten angesprochen werden, dass ich die Kritik auch annehmen kann?
(vergl. Ursula Oppermann-Weber, 2005/2012)

Grundsätze für ein motivierendes Kritikgespräch

1. Kritik muss begründet und berechtigt sein.
2. Kritik muss eindeutig sein.
3. Kritik muss zeitnah erfolgen, weil sonst die Wirkung verloren geht.
4. Kritik in der Regel nicht vor anderen äußern. Kritik wird schon als unangenehm empfunden; sie vor anderen öffentlich zu äußern, macht sie noch unangenehmer.
5. Nicht nachtragend sein. Kritik darf nicht alte Geschichten aufwärmen, die bereits zu Kritikäußerungen geführt haben.
6. Kritik muss sachbezogen sein. Das Ergebnis wird kritisiert, nicht die Person.
7. Kritik angemessen und nicht emotional äußern.
8. Der Kritisierte entwickelt möglichst selbst, was und wie etwas zu verändern ist. (Gemeinsam wird der Maßstab für die Veränderung und die Überprüfung festlegt.)
9. Kritik soll sicherstellen, dass das unerwünschte Verhalten in Zukunft nicht mehr auftritt.
10. Kritikgespräche sind keine Machtdemonstrationen und Bedrohungen. Erst wenn Ihre Mitarbeiter oder Kollegen Ihre Kritik „nachfragen", haben Sie die Kompetenz für motivierende Kritikgespräche.

Planen Sie Kritik- und Konfliktgespräche immer systematisch, so wissen Sie, was Sie erreichen wollen. Sie haben so die Möglichkeit, auch emotionale Anteile am Konfliktgeschehen zu versachlichen und zu strukturieren. Konfliktgespräche, die emotional eskalieren, bringen Sie nicht wirklich weiter, auch wenn Sie sich das Bedürfnis erfüllt haben, dem anderen einmal „richtig die Meinung“ zu sagen und wenn manchmal die Versuchung dazu ziemlich groß ist. Der emotionale Anteil eines Konfliktes sorgt auf der einen Seite dafür, dass Energie freigesetzt wird, um an einer Lösung zu arbeiten, er birgt aber auf der anderen Seite viel häufiger die Gefahr, eine Konfliktlösung zu blockieren. Fragen Sie sich daher immer: Was kann ich erreichen, wenn ich mich auf die demütigenden und kränkenden Anteile des Konfliktes nicht fokussiere?

Diese Leitfragen zur Vorbereitung auf eine lösungsorientierte Konfliktbearbeitung können dabei helfen, das eigene Konflikterleben zu versachlichen:

- Wie sehe bzw. erlebe ich die anderen? Wie nehmen sie ihre Aufgabe wahr? Wie verhalten sie sich mir bzw. uns gegenüber?
- Was ist (oder scheint) für sie besonders wichtig zu sein? Wo liegen ihre Hauptmotive? Was interessiert sie besonders, was interessiert sie weniger?
- Was gefällt mir insgesamt an ihnen und ihrem Verhalten? Was läuft bzw. lief gut in der Zusammenarbeit? Wo liegen ihre Stärken?
- Wo hapert's? Was stört uns? Wo sehe ich bzw. sehen wir Defizite, Reibungsverluste, Konfliktherde, zum Beispiel immer wiederkehrende Probleme oder ungeklärte Fragen in der täglichen Zusammenarbeit?
- Welches sind Fragen, auf die ich schon lange gerne eine Antwort gehabt hätte – oder die ich gerne einmal mit den anderen besprechen würde?
- Wie sehe ich uns und unsere eigene Rolle in dieser Konfliktsituation? Wie beurteile ich mein bzw. unser eigenes Verhalten in der Zusammenarbeit mit den anderen?
- Was leiste ich? Was leisten wir? Was trage ich zu einer guten Zusammenarbeit bei?
- Welche Probleme gibt es bei uns intern, die sich möglicherweise auf die Zusammenarbeit mit den anderen auswirken? Wo sehe ich bei mir bzw. wo sehen wir bei uns selbst Defizite?
- Was glaube ich bzw. glauben wir, wie die anderen uns sehen?
- Welches sind die wichtigsten „Knackpunkte“, die die anderen uns vermutlich vortragen würden? Wie wollen wir darauf reagieren?
- Welche konkreten Beispiele gibt es dafür? Wer war daran beteiligt? Welche Verhaltensweisen haben wir dabei erlebt? Wenn wir bzw. ich das den anderen vortrage(n), wie sollte das formuliert werden, um Vorwürfe zu vermeiden?

Eine weitere Möglichkeit, sich nicht nur auf die negativen Anteile seines Konfliktpartners zu konzentrieren, ist, die sogenannte „5-zu-1-Regel“ anzuwenden, die besagt: Finden Sie fünf positive Aussagen zu Ihrem Konfliktpartner, wenn Sie eine Sache an ihm kritisieren wollen. Manchmal ist das, wenn man richtig über jemand verärgert ist, sehr schwer, bewahrt jedoch gedanklich davor, sich in die negativen Anteile seines Konfliktpartners hineinzusteigern. Es gibt Menschen, die sehr lange darüber nachdenken müssen, bevor sie positive Anteile bei ihrem Konfliktpartner finden. Aber es ist besser, diese spät als gar nicht wahrzunehmen und einfließen zu lassen, denn ich bin davon überzeugt, dass jedes vorherige Gespräch aufgrund der vorhandenen eindeutig negativen Einstellung dem Konfliktpartner gegenüber wenig Erfolg versprechend gewesen wäre. Versuchen Sie daher, vor jedem Konfliktgespräch Ihre innere Einstellung zu überprüfen und zu Ihrer inneren Ausgeglichenheit zurückzufinden.

Das gelingt Ihnen in der Regel besser, wenn Sie sich richtig vorbereiten, um während des Gesprächs Ihren roten Faden der Konfliktlösung in der Hand zu behalten. Der folgende Leitfaden ist eine Möglichkeit, diese Vorbereitung zu systematisieren.

Leitfaden für ein Konfliktgespräch

1. Gesprächsthema:
   Das Gesprächsthema ist ...
2. Organisation:
   - Geplante Gesprächsteilnehmer
   - Gesprächsort
   - Eventuelle Störquellen, die vorher abgestellt werden sollten
   - Sitzordnung
   - Benötigte Unterlagen und Dokumente
3. Vorgehen:
   - Wie lautet das Gesprächsziel?
   - Welche Zwischenergebnisse erwarte ich?
   - Welches Ziel könnten meine Gesprächspartner haben?
   - Argumente, mit denen ich meine Gesprächspartner überzeugen kann?
   - Was kann ich Positives über meinen Gesprächspartner sagen? Beachte ich die 5-zu-1 Regel?
   - Wie kann ich meinen Gesprächspartner an der Lösungssuche beteiligen?
   - Achte ich darauf, dass ich das Gespräch durch Fragen führe?
   - Wie beachte ich die Win-win-Strategie?
4. Gesprächsphasen:
   - Eröffnungsphase
     – Aufhänger (eventuell aus vorangegangenen Gesprächen)
     – Wertschätzung beachten
   - Argumentationsphase
     – Mein roter Faden
     – Argumente
     – Mögliche Gegenargumente
     – Entkräftung
   - Abschlussphase
     – Auf positive Atmosphäre achten
     – Zusammenfassung (eventuell einen Ausblick geben)
     – Offene Fragen?
     – Vereinbarungen treffen und Controlling abstimmen

Beispiel für einen Gesprächsverlauf

1. Rahmenbedingungen schaffen und Gesprächsbereitschaft herstellen	*„Haben Sie heute Zeit für mich? Ich möchte über … mit Ihnen sprechen."*
2. Anmeldung der Störung bzw. des Problems und Sachverhalt darstellen	▪ *„Ich möchte mit Ihnen über Thema X sprechen …"* ▪ *„Mich stört …"* ▪ *„Ich bin ärgerlich über …"* ▪ *„Ich bin unzufrieden … und ich möchte mit Ihnen besprechen, wie wir in Zukunft unsere Zusammenarbeit verbessern können."* ▪ *„Ich würde mich freuen, wenn wir in dieser Angelegenheit gemeinsam eine Lösung finden könnten."*
3. Problemanalyse ▪ Herausarbeiten der unterschiedlichen Standpunkte, Ziele und Hintergrundbedürfnisse ▪ Aktives Zuhören / Offene Fragen stellen ▪ Umformulierung von eigenen Vorwürfen in Wünsche und Erwartungen ▪ Mit Wünschen und Erwartungen lässt es sich leichter arbeiten als mit Vorwürfen	*„Ich wünsche bzw. erwarte mir von Ihnen …, um zukünftig besser …"*
4. Gemeinsame Lösungssuche ▪ Lösungsvorschläge sammeln ▪ Einigung auf die beste bzw. auf die Lösung, die für beide optimal ist ▪ Prüfen der Einwände gegen die Lösung ▪ Klare Vereinbarungen und Verpflichtungen treffen	▪ *„Welche Ideen haben wir für eine Lösung?"* ▪ *„Was können wir machen, wenn einer das will, … und der andere das will …"* ▪ *„Wie wäre es, wenn wir uns auf folgenden Kompromiss einigen …"* ▪ *„Was spricht aus Ihrer Sicht gegen die Lösung?"* ▪ *„Aus meiner Sicht spricht gegen die Lösung …"* ▪ *„Wie wollen wir jetzt mit unseren unterschiedlichen Standpunkten umgehen?"* ▪ *„Welche Lösung wäre besser?"* ▪ *„Wie wollen wir damit jetzt umgehen?"* ▪ *„Wir haben uns also darauf geeinigt, dass … und jeder sorgt dafür, dass …"* ▪ *„Wie wollen wir unser Ergebnis überprüfen und wie halten wir unsere Vereinbarung fest?"*

Wenn es in einem Konfliktgespräch nicht mehr weitergeht, sind zwei Maßnahmen zur „Selbstverteidigung" möglich:

1. Legen Sie eine Gesprächspause ein. Wenn Sie den Eindruck haben, dass der andere nicht mehr zuhört oder Sie sich in der Defensive fühlen, machen Sie eine kurze Gesprächspause oder bitten Sie um eine Bedenkzeit. Auch im Sport gibt es sogenannte Auszeiten, wenn die Strategie mit der Mannschaft kurz neu besprochen werden muss.
2. Formulieren Sie Vorwürfe des Gesprächspartners in Wünsche und Erwartungen um. Falls Ihr Gesprächspartner Ihnen Vorwürfe macht oder Sie anklagt, ermuntern Sie ihn zu einem direkten Wunsch:
   - *„Was wollen Sie konkret von mir?" oder*
   - *„Was wünschen Sie sich in diesem Zusammenhang von mir?"*

Halten Sie bei wichtigen Gesprächen das Ergebnis in einem Protokoll fest und lassen Sie sich das auch von Ihrem Gesprächspartner unterschreiben.

Auch das sollte bedacht werden: *„Wo Einigkeit herrscht, ist auch Erfolg!"*

9.6 Maßnahmen der Konfliktvorbeugung im Team

Versuchen Sie in Ihrer Teamarbeit Konflikte dadurch zu vermeiden, dass Sie geeignete Maßnahmen der Konfliktvorbeugung entwickeln. Diese Maßnahmen können auf verschiedenen Ebenen angelegt werden. In der Regel sollte jede Organisation und jede Teamleitung und jedes Teammitglied daran interessiert sein, sich konfliktvorbeugend zu verhalten.

Weil aber Konflikte auch immer Reibungsverlust beinhalten und Sand im Getriebe einer jeden Organisation darstellen, können sie zu Unruhen im Team führen oder sogar Nichtbeachtung zu Verunsicherungen bei Kunden bzw. Klienten. Das passiert dann, wenn interne Konflikte nach außen dringen, z. B. durch unbedarftes Erzählen im Bekanntenkreis, oder wenn die Mitarbeiter nach kurzer Zeit die Einrichtung wieder verlassen. Dies weist die Öffentlichkeit und manchmal auch einen Kostenträger auf interne Konflikte hin.

Daher sollte es im Interesse jeder sozialen Organisation sein, geeignete Maßnahmen der Konfliktvorbeugung zu entwickeln. Konfliktvorbeugung hat aber nichts mit der Unterdrückung von Konflikten zu tun, sondern bedeutet, langfristig angelegte Strategien und Haltungen zu entwickeln, die nachhaltig wirken. Sie müssen in ihrer Wirksamkeit auch immer wieder überprüft und weiterentwickelt werden.

So kann es zum Beispiel sinnvoll sein, dass die Leitung einer großen Einrichtung sich nicht nur mit den Bereichsleitern und den Teamleitungen austauscht, sondern von Zeit zu Zeit auch einmal den Kontakt zu den Mitarbeitern in einzelnen Teams sucht. Das klingt erst einmal aufwändig, ist aber dann eine gute zeitliche Investition, wenn so ein authentisches Feedback der Situation vor Ort möglich ist. Dann erfährt man mehr als durch den faden Beigeschmack der vorhandenen Gerüchteküche oder durch die einseitig gefilterten Informationen der Führungskraft. Zusätzlich erleben dies die Mitarbeiter als ein echtes Interesse an ihrer Arbeit und an den Problemen vor Ort.

Eine andere Möglichkeit wäre, hierzu einen Qualitätszirkel aufzubauen, der sich mit diesem Thema beschäftigt und der eine Entwicklung der Konfliktvorbeugung in der Organisation vorantreibt. In kleineren sozialen Einrichtungen ist das natürlich direkt im Team immer möglich. Nutzen Sie diese Chance. Wichtig dabei ist, dass diese Vorgehensweise immer transparent und gleichzeitig vertraulich bleibt.

In den folgenden Beispielen finden Sie eine Ideensammlung über Maßnahmen der Konfliktvorbeugung. Sie sollen als Anregung dienen, sich in Ihrer Organisation bzw. in Ihrem Team damit zu befassen. Besser ist es, wenn Ihr Team die Möglichkeit nutzt, die Maßnahmen der Konfliktvorbeugung gemeinsam zu entwickeln.

- Vermeiden Sie Verunsicherungen durch klare Zielvorgaben
- Lassen Sie da, wo es Ihnen möglich ist, Mitarbeiter an Ihrer Entscheidung teilnehmen
- Machen Sie konkrete Vorgaben und stimmen Sie die Aufgaben ab
- Verbessern Sie den Informationsfluss
- Organisieren Sie klare Kommunikationsstrukturen
- Vermeiden Sie Bevorzugungen
- Ausweitung des selbstverantwortlichen Handlungsspielraums
- Aufstiegschancen bzw. Chancen zur fachlichen und persönlichen Weiterentwicklung und Karriereplanung
- Training der Fach- und Sozialkompetenz
- Reflexion der beruflichen Handlungsstrategien und sachliche Analyse von Konfliktsituationen durch regelmäßige Supervision
- Achten Sie auf einen wertschätzenden Umgang in Ihrem Team und anderen Organisationsebenen
- Suchen Sie immer nach Lösungen und nicht nach Hindernissen

Die Maßnahmen zur Konfliktvorbeugung verhindern, dass überflüssige Konflikte die Arbeit im Team zusätzlich behindern. Sie nehmen auch jedes Teammitglied in die Verantwortung, sich aktiv für diese Konfliktprophylaxe einzusetzen. Konfliktvorbeugungsmaßnahmen im Team sind ein ständiger, begleitender Prozess, der ein besonderes Augenmerk in der täglichen Arbeit erfordert und von Zeit zu Zeit auf allen organisatorischen Ebenen, aber auch immer wieder im Team, etwa an einem Teamtag, überprüft werden sollte.

Jedes Teammitglied ist für die Konfliktvorbeugung mitverantwortlich. Man kann die Lösung von Konflikten nicht so einfach an andere delegieren.

Beispiel (aus der Beratungspraxis)
In einer Einrichtung traute sich das Team nicht, einen lang andauernden Konflikt mit der Teamleitung offen zu bespechen. Das Team reagierte hilflos und versuchte, den Konflikt zu ignorieren und auszuhalten. Erst als die Belastungsgrenze überschritten war und einige Teammitglieder schon neue Stellen gefunden hatten, fasste man den Mut, den Konflikt offen zu thematisieren. Man versicherte sich noch einmal der Unterstützung aller Teammitglieder und wollte noch einmal in einem Gespräch mit der Teamleitung gemeinsam nach einer Lösung suchen.

Als dies misslang, wendete man sich an die nächsthöhere Führungsebene, um die Unterstützung bei der Konfliktlösung zu erbitten. Diese hat dann mithilfe eines externen Moderators aktiv mit dem Team an einer Lösung gearbeitet. Zusätzlich wurde mit dieser Führungsebene vereinbart, dass der direkte Kontakt zum Team intensiviert wird, damit auch diese Ebene über die Teamsituation direkter und persönlicher informiert ist.

Um weitere Konflikte ähnlicher Art zu vermeiden, wurde daraufhin im Team vereinbart, sich regelmäßig über die Stimmung im Team auszutauschen und Konflikte rechtzeitig und lösungsorientiert anzusprechen. Wenn bei auftretenden Konflikten keine Lösungen gefunden werden, wird man sich wieder eine Unterstützung von außen holen. Alle fühlen sich jetzt für die Thematisierung von Konflikten verantwortlich.

Im Teamraum wurde ein Plakat aufgehängt, auf dem man liest:
- Was belastet mich?
- Wofür brauche ich eine Lösung?
- Wofür trage ich Verantwortung, wenn ich eine Lösung suche?

Das Funktionieren eines Teams ist ohne die Bereitschaft des Einzelnen, dafür Verantwortung zu tragen, nicht möglich.

Dagegen steht häufig der Wunsch, das Unangenehme im Team mögen andere uns abnehmen. Doch wie heißt es so schön: „Brauchst du eine helfende Hand, dann schau am Ende deines Armes nach." Überprüfen Sie daher immer auch Ihre eigenen Möglichkeiten im Team.

Unterstützende Fragen zur Konfliktklärung im Team

(Bewerten Sie Ihre Teamarbeit auf einer Skala von 1 bis 10, d.h. 1 = sehr schlecht und 10 = sehr gut)

Mein Team und ich ...

1. Aktuell erlebe ich unsere Teamarbeit ...
2. Was muss ich tun, um die Teamarbeit weiter zu verbessern...
3. Wenn jemand etwas gut gemacht hat, sollte ich ...
4. Wenn mir jemand geholfen hat, werde ich ...
5. Wenn ich etwas nicht kann, werde ich ...
6. Wenn ich sehe, dass jemand benachteiligt wird, werde ich ...
7. Wenn ich mich über jemand geärgert habe, sollte ich ...
8. Wenn mich etwas an jemand anderem stört, werde ich ...
9. Meine eigenen Stärken sehe ich ...
10. Wenn ich folgende Verhaltensweisen ändere, ... werde ich besser verstanden
11. Bei Missverständnissen werde ich ...
12. Bei Kritik werde ich überlegen ...
13. Wenn ich das Gefühl habe, ich werde zu Unrecht kritisiert, werde ich ...
14. Als gutes Team sehe ich uns, wenn ...
15. Für unsere Teamarbeit würde ich mir wünschen ...
16. Was wir für unsere Teamarbeit noch tun können, ist ...?
17. Wenn unsere Teamarbeit gelingen soll, muss ich ...?
18. Unsere Teamstärken sind immer sichtbar, wenn ...?
19. Unsere Teamleitung fördert die Zusammenarbeit, wenn ...
20. Für die Zukunft in unserem Team wünsche ich mir ...?

Anregung für die Teampraxis

Diskutieren Sie die Antworten auf die obigen Fragen einmal in Ihrem Team. Welche Maßnahmen der Konfliktvorbeugung in Ihrem Team können Sie daraus ableiten?

10 Teamfusion – wenn zusammenwachsen soll, was noch nicht zusammenpasst

„Wenn über das Grundsätzliche keine Einigkeit besteht, ist es sinnlos, miteinander Pläne zu schmieden."
Konfuzius

Veränderungsprozesse im Team gestalten

Viele soziale Organisationen sind immer wieder Wandlungsprozessen unterworfen, die auch auf die Gestaltung der Teamzusammensetzung und Teamarbeit Auswirkungen haben. Diese Veränderungen erfordern immer wieder Veränderungsbereitschaft und Anpassungsfähigkeit der Mitarbeiterinnen und Mitarbeiter an die veränderten Herausforderungen und Rahmenbedingungen einer sozialen Organisation. Wandlungsprozesse so zu gestalten, dass die betroffenen Teams und Mitarbeiter diese Veränderung als Chance und nicht als Krise erleben, bedarf der frühzeitigen Beteiligung der Betroffenen. Wie so etwas konkret aussehen kann, soll am Beispiel eines gelungenen Fusionsprozesses vorgestellt werden, der authentisch aus der Beratungspraxis stammt.

Beispiel

Eine Maßregelvollzugseinrichtung zur Behandlung und Rehabilitation Suchtkranker wurde unter dem Gesichtspunkt von Kosteneinsparungen und einer erwünschten Optimierung von Arbeitsabläufen gestrafft. Das heißt, zwei Stationen, also zwei Teams wurden zu einem Großteam mit über 30 Mitarbeiterinnen und Mitarbeitern zusammengelegt. In beiden Teams arbeiteten überwiegend langjährige Teammitglieder.

Die Einrichtung hatte bereits in der Vergangenheit zwei Stationen zu einem Großteam zusammengelegt. Die schwierige Entwicklung im vergangenen Fusionsprozess war gekennzeichnet durch eine belastende Arbeitsatmosphäre, Kommunikationsprobleme, problematische Arbeitsabsprachen und hohe Krankenstände, bedeutete für die dortigen Mitarbeiterinnen und Mitarbeiter und für die Patienten eine große Belastung mit hohen Reibungsverlusten in der Zusammenarbeit.

Aufgrund dieser Erfahrung wünschte sich die Einrichtungsleitung, dass ein erneutes Fusionieren zweier Teams reibungsloser verlaufen sollte. Gleichzeitig war bekannt, dass auch bei der neu angestrebten Zusammenlegung der Stationen Unsicherheiten auf Leitungs- wie auch auf Mitarbeiterebene entstehen würden. Man befürchtete, dass Ängste und Unsicherheiten während des Fusionsprozesses deutliche Folgewirkungen auf die Leistungsfähigkeit und -bereitschaft der Mitarbeiter haben würden. Bei der ersten Fusion hatten „Flurfunk“ und „Gerüchteküche“ dazu geführt, dass sich die Betroffenen einen beträchtlichen Teil der täglichen Arbeitszeit mit ihrer unsicheren Zukunft beschäftigten. Abgesehen vom zeitlichen Faktor barg diese unkontrollierte Kommunikation die Gefahr, dass sich Vermutungen, falsche Informationen und die damit verbundenen Unsicherheiten hochschaukeln würden, im größeren Ausmaß Angst entstünde, alles in Resignation umschlüge und dies auch zum Ausstieg von Mitarbeitern führen könnte.

Veränderungsprozesse machen den Menschen immer Angst. Sie bedrohen die persönliche Stabilität bzw. sogar die persönliche Identität. Jede Veränderung bedeutet für Mitarbeiter immer auch eine Verunsicherung. Selbst ungeliebte Arbeitsabläufe, vertraute Teammitglieder, bekannte Patienten geben durch ihre Routine immer auch ein großes Stück Sicherheit.

Im obigen Beispiel hatte jedes Team seinen eigenen Arbeitsstil. Bei der bevorstehenden Fusion war deshalb die Befürchtung vorhanden: Wer setzt sich mit seinem Arbeitsstil durch? Wer muss also von dem Gewohnten, dem Erprobten und auch im eigenen Team vom Bewährten Abstand nehmen? Etwas Gewohntes aufgeben zu müssen, kann eine brisante Dynamik hervorrufen, die nur noch schwer steuerbar ist. Die Angst vor der fantasierten Unterwerfung durch das andere Team kann das Ziel der Fusion infrage stellen.

Fachliche Überlegungen spielten für die Ablehnung der Fusion ebenfalls eine Rolle. So wurde befürchtet, dass das bewährte Bezugspflegesystem durch mehr zu betreuende Patienten so nicht mehr zu halten sein werde.

Neben diesen auf die Arbeit bezogenen Aspekten gab es aber auch persönliche Vorbehalte gegenüber einigen Teammitgliedern der jeweils anderen Station. Viele langjährige Mitarbeiterinnen und Mitarbeiter kannten sich von der Zusammenarbeit auf anderen Stationen. Zusätzlich gab es Vorbehalte gegenüber anders organisierten Arbeitsabläufen des jeweils anderen Teams.

10.2 Chancen in Veränderungsprozessen erkennen

Fortführung Beispiel

Damit die Teams in dieser neuen Fusion besser zusammenfinden konnten, wurde ein Workshop geplant, der die Bildung des neuen Großteams zum Ziel hatte. Durch die gemeinsame Zielformulierung zu Beginn des Workshops war es möglich, den jeweils eigenen Beitrag zum Erfolg der Fortbildung, aber auch die persönlichen Befürchtungen noch einmal zu formulieren. Gleichzeitig bot sich so für alle Teammitglieder eine Möglichkeit, sich vor dem neuen gesamten Team zu präsentieren, ein Schritt, der für viele auch angstbesetzt war, aber von allen engagiert genutzt und umgesetzt wurde.

Ein wichtiger Punkt beim Gedanken an die Fusion war die Frage nach dem Erhaltenswerten der bisherigen Arbeit. Der Verlust der eigenen Autonomie ist immer eine Bedrohung, die beim Eingehen von neuen Abhängigkeiten auf den Plan tritt. Daher ist der Wunsch, möglichst viel von dem Bekannten und Gewohnten in das neue Team mitzunehmen, nur zu verständlich, kann aber den gemeinsamen Neubeginn lähmen.

Wichtig ist daher, das bisher Geleistete von den „neuen" Teammitgliedern wertgeschätzt zu wissen. Der Wunsch nach Mitgestaltung, nach Selbstentfaltung, Kreativität und Anerkennung auch im neuen Team ist dabei zu fördern. Von Bedeutung scheint zu sein, dass man dabei sein will, wenn die Möglichkeit besteht, die Fusion mitzugestalten, man möchte gefragt werden nach seinen Einschätzungen, nach seinen Vorschlägen und nach seinen langen beruflichen Erfahrungen. Für den Einzelnen bringt das Sicherheit für den Stellenwert in der neuen Teamsituation.

Es ist dagegen sehr schwer, sich zu den emotionalen Bedürfnissen deutlich zu äußern. Es besteht die Gefahr, dass diese Emotionen, wenn sie nicht besprechbar werden unterschwellig die gesamte weitere gemeinsame Entwicklung bestimmen und negativ beeinflussen. Ungeklärte Wünsche und Bedürfnisse können die Dynamik des neuen Teams somit verwirren und sich langfristig auf die Arbeitsstimmung niederschlagen, damit gefährden sie Arbeitsergebnisse und können den ganzen Fusionsprozess lähmen und zum Scheitern bringen.

Fortführung Beispiel

Neben der persönlichen Präsentation vor dem jeweils anderen Team wurde auch das Erhaltenswerte der bisherigen Arbeit aufgeschrieben, damit mit der Fusion nicht einfach wichtige Anliegen an die Arbeit aufgegeben werden. In Gesprächen wurden Kompromisse bei der Neuorganisation der Arbeit entwickelt, sodass sich kein Team mit seinen Vorstellungen nur einfach unterordnen musste. Es wurden neue Regeln für die Station und für die Zusammenarbeit aufgestellt. Pflege- und Therapiekonzepte wurden neu bearbeitet und aufeinander abgestimmt. Die Zusammenarbeit in den Tagesabläufen wurde gemeinsam neu strukturiert und organisiert.

In den moderierten Gruppendiskussionen lernten sich die Teammitglieder der beiden Stationen besser kennen. Unterschiedliche Standpunkte konnten so verständlich gemacht werden und der persönliche Austausch zwischen allen Beteiligten wurde gewährleistet.

Die Teammitglieder stellten mit Erstaunen fest, dass alle die Arbeitsatmosphäre und die erarbeiteten Ergebnisse als überaus produktiv und positiv erlebten.

Kompromisse in der Zusammenarbeit wurden entwickelt. Beispielsweise wurde lange über ein gemeinsames Frühstück mit den Patienten verhandelt, das bei einer Station aus unterschiedlichen Gründen (Motivation der Patienten, mangelnde Hygiene etc.) wieder abgeschafft worden war. Man einigte sich darauf, das Frühstück auch aus inhaltlichen Gründen – Gewöhnung der Patienten an eine Alltagsstruktur und Gemeinschaftserleben – wieder einzuführen und verhandelte über die Modalitäten. Um dem Wunsch der Teammitglieder nach möglichst konkreten Planungen für die Zukunft entgegenzukommen, wurde hierfür eine kleine Arbeitsgruppe eingerichtet, die sich mit dieser Fragestellung konkreter befassen sollte.

Eine wichtige Erfahrung der Teilnehmer war, dass schon zu Beginn des Workshops für die Teilnehmer deutlich wurde, dass die Befürchtungen bei den Mitarbeiterinnen und Mitarbeitern beider Stationen nahezu identisch waren. Diese Erkenntnis führte zu einer ersten Identifikation und legte den Grundstein für einen offenen, vertrauensvollen Prozess für die weitere Teambildung.

Eine wohltuende Erfahrung der Teilnehmer war, dass viele Kolleginnen und Kollegen doch nicht „so schrecklich sind“, wie sie bisher befürchtet hatten. Andere bekundeten auch Neugier den unbekannten neuen Teammitgliedern gegenüber und nutzten diese Veranstaltung für eine erste persönliche Kontaktaufnahme. Der Austausch untereinander konnte so gefördert werden und war die Basis für eine gemeinsame Vertrauensgrundlage. Neben dem festgelegten Workshopablauf wurde den Teilnehmern auch immer wieder die Möglichkeit gegeben, selbstständig Programmpunkte einzufügen, um über entstandene Fragen und aktuelle Aspekte zu diskutieren und sich auszutauschen. Diese Zeit wurde intensiv für die Arbeit an eigenen Themen genutzt und führte zu einem organischen Aufbau neuer Strukturen.

10.3 Visionen über die Qualität der neuen Zusammenarbeit entwickeln

In dem Beispiel war wichtig, dass die beiden Teams eine Vision der neuen gemeinsamen Teamzusammenarbeit entwickelten. Die Mitarbeiterinnen und Mitarbeiter haben dazu ein Bild erfolgreicher und zufrieden stellender Zusammenarbeit entworfen, das dann die weitere positive Ausrichtung der Teamfusion prägte.

In Fusionsprozessen gibt es nicht selten Krisen, die durch die oben schon beschriebenen Befürchtungen entstehen. Hinzu kommen Machtkämpfe um die neu zu besetzenden formalen und informellen Positionen im neuen Team. So spielen gruppendynamische Aspekte neben den formalen Hierarchien eine Rolle. Wer hat hier was, wann, wie zu sagen und wie wird etwas diskutiert bzw. kritisiert? Untrainierte Kommunikationsabläufe und noch neue Kommunikationsstrukturen behindern Arbeitsabläufe. Eine funktionierende Kommunikation muss in einer neuen Gruppe erst ausgehandelt und in der Alltagspraxis erprobt werden, damit auch die Zusammenarbeit in auftretenden Krisen, die typisch für solche Fusionsprozesse sind, gewährleistet bleibt.

Die Kraft des verinnerlichten Bildes, was leisten wir, wie stark sind wir und wie erfolgreich sind wir, ist von besonderer Bedeutung. Was erreichen wir, wenn wir uns im neuen Team auf das Gelingen unserer Zusammenarbeit und unsere Aufgaben konzentrieren? Die Antwort auf diese Frage war die Basis dafür, eine gemeinsame und tragfähige Konzeption der Arbeit und das Vereinbaren von gemeinsamen Arbeitsabläufen zu ermöglichen. Ziel des moderierten Workshops (im Beispiel) war es, konstruktive Grundlagen für eine erfolgreiche Teamfusion zu schaffen. Dabei war es wichtig, vorhandene Befürchtungen abzubauen, Gemeinsamkeiten zu entdecken, Neues zu wagen und Vereinbarungen zur Zusammenarbeit zu treffen.

Der begonnene Kommunikationsprozess forderte die Mitarbeiterinnen und Mitarbeiter beider Teams auf, sich aktiv an der Gestaltung des neuen Großteams zu beteiligen und sich auf Veränderungen einzulassen.

Fortführung Beispiel

Die Teammitglieder entwickelten nicht nur eine gemeinsame Vorstellung von diesem Prozess, sondern übernahmen auch Verantwortung, sich aktiv für das Gelingen dieses Fusionsprozesses der Teams einzusetzen. Um die weitere Entwicklung dieses Prozesses zu erhalten, ist es auch wichtig, dass der Kommunikationsfluss zwischen den Teammitgliedern weiter ermöglicht, reflektiert und trainiert wird, sodass auftretende Störungen schnell erkannt und Hindernisse lösungsorientiert abgebaut werden können.

Aus dem Beispiel wird deutlich, wie man eine Teamfusion positiv gestalten kann, wenn man alle Betroffenen dazu einlädt, sich an diesem Prozess aktiv zu beteiligen. Das ist für manche soziale Organisation eventuell noch eine ungewöhnliche Vorstellung, da solche Maßnahmen häufiger nur angeordnet werden. Die folgenden Unruhen im neuen Team finden dabei wenig Berücksichtigung und Reibungsverluste in der täglichen Zusammenarbeit sind vorprogrammiert. Um das zu vermeiden, ist es nur konsequent, die Betroffenen mit in die Verantwortung für das Gelingen des Fusionsprozesses zu nehmen. Jede Organisation tut gut daran, das Engagement der Teammitglieder in der aktiven Gestaltung des Fusionsprozesses zu unterstützen und geeignete Rahmenbedingungen dafür zu schaffen.

10.4 Möglichkeiten des Teams zur Gestaltung von Veränderungsprozessen

Veränderungsprozesse in Teams brauchen immer die Akzeptanz und die Beteiligung der Betroffenen. Wenn Teams Veränderungsprozesse planen, können sie die Umsetzung auf Basis der folgenden Regeln gestalten.

Veränderungsprozesse im Team gestalten

- Betroffene zu Beteiligten machen
- Akzeptieren der Herausforderungen
- Das Team arbeitet gemeinsam an Lösungen
- Vertrautmachen mit den neuen Rahmenbedingungen
- Kennenlernen der neuen Kollegen
- Gemeinsames Entwickeln von Teamregeln
- Wertschätzen der Erfahrungen und des Geleisteten im vorherigen Team
- Krisen auch als Chancen begreifen
- Zeit geben für gemeinsame Entwicklungen
- Externe Moderation steuert und begleitet die auftretende Gruppendynamik

(Reflexions-)Übung

Haben Sie Erfahrungen mit einer Teamfusion? Wenn ja, gehen Sie diese Erfahrungen gedanklich durch und überlegen und bewerten Sie, wie die Fusion verlaufen wäre, indem Sie die in diesem Abschnitt vorgestellten Aspekte berücksichtigt hätten.

____

____

Teamentwicklung – Teamarbeit systematisch weiterentwickeln

11

„Wer aufhört, besser zu werden, hat aufgehört, gut zu sein."
Philip Rosenthal, Unternehmer

In vielen Teams erfolgt Teamentwicklung scheinbar nur zufällig. Andere Teams haben den Wunsch, sich gezielt weiterzuentwickeln oder dieses Bemühen wird von der Teamleitung an Teams herangetragen. Die wenigsten Teams haben anfangs eine weiter gehende Vorstellung davon, was sich verändert und was möglich wäre, wenn man die Teamentwicklung aktiv gestalten würde. Noch weniger ist den Teams oftmals bewusst, was aktive und geplante Teamentwicklung für die Zusammenarbeit bedeutet. Gute Teamarbeit entwickelt sich nicht von selbst, sondern setzt eine aktive Gestaltung voraus.

Einführendes zur Teamentwicklung

Angenommen, in einem Team würde diese Einschätzung formuliert: *„An dem Zustand unseres Teams lässt sich sowieso nichts mehr verändern, das müssen wir bei unseren Leuten schon so hinnehmen, da kann man nichts machen. Unser Team ist halt so, wie es ist."*

Um eine solche Haltung überwinden zu können, muss verdeutlicht werden, dass der Zustand eines Teams kein Schicksalsschlag ist, sondern das Produkt aktiver systematischer Teamgestaltung oder eben deren Versäumnisse. Teamarbeit ist in ihrer Entwicklung mit den Beteiligten planbar. Für die Teamentwicklung sind immer die Kommunikationsfähigkeiten und die Kommunikationsmöglichkeiten eines Teams von Bedeutung. Die Kommunikationsmöglichkeiten eines Teams sind immer gekennzeichnet durch den kommunikativen Austausch miteinander. Teams, die zu wenig im Austausch sind, entwickeln langfristig Kommunikationsprobleme und „treten auf der Stelle".

Beispiel

In einem fünfgruppigen Kita-Team eines im Schichtdienst arbeitenden Betriebskindergartens sehen sich aufgrund der Schichtzeiten und der unterschiedlichen Arbeitsstundenanteile selten alle Mitarbeiterinnen. Man trifft nur die Kolleginnen, mit denen man direkt zusammenarbeitet oder denen man zufällig auf dem Flur begegnet oder mit denen man gruppenübergreifend an einem Projekt arbeitet. Die anderen Kolleginnen sieht und spricht man mehr oder weniger zufällig.

Die Kommunikation zwischen allen Teamitgliedern ist nur möglich während der einmal im Monat stattfindenden zweistündigen Teambesprechung. Ansonsten ist die Kommunikation im Team eher zufällig. Hinzu kommt noch, dass das Gebäude so gegliedert ist, dass man den ganzen Tag in der Einrichtung arbeiten kann, ohne dass Kontakte zu anderen Gruppen entstehen. Als das eigentliche Team wird das einzelne Team der Gruppe gesehen, in dem je nach Stundenanteilen der Erzieherinnen drei bis vier Personen arbeiten. Auch diese sehen sich nicht täglich oder nur kurz in den knappen Übergabezeiten, die sich auf den reinen Informationsaustausch begrenzen. Für den persönlichen Austausch im Team bleibt keine Zeit, Konflikte können aufgrund der mangelnden Austauschmöglichkeiten nicht bearbeitet werden. Sie bleiben unterschwellig bestehen und werden verleugnet. Sie haben zur Folge, dass man sich noch mehr aus dem Wege geht. Oberflächlich gesehen funktionieren Arbeitsabsprachen noch, aber es ist wiederholt festgestellt worden, dass sich Kolleginnen nicht daran gehalten haben. In den wenigen Begegnungen der Kolleginnen untereinander ist, bis auf wenige Wortführer, ein sich einschleichendes Verstummen der Teammehrheit zu beobachten.

Ein echter Teamgeist ist nicht spürbar, das Team entwickelt sich zunehmend zu einer Arbeitsgruppe, wo man engagiert nebeneinander herarbeitet. Die Möglichkeiten, die ein gut funktionierendes Team hätte, bleiben ungenutzt, und die kreativen, engagierten Arbeitsansätze in der Arbeitsgestaltung verblassen zunehmend.

Der persönliche und kommunikative Austausch reduziert sich immer mehr, der Verlust wird von den Teammitgliedern erst bemerkt, wenn sich Konflikte wegen Nichtigkeiten und mangelnder Wertschätzung häufen. Das Team reagiert, indem es zwei Kolleginnen zu Sündenböcken macht und die Leitung zunehmend angegriffen wird. Eine konstruktive Lösung ist nicht in Sicht. Einige äußern schon, dass sie darüber nachdenken, sich eine andere Stelle zu suchen.

Dieses Beispiel zeigt sehr deutlich, dass sich viele Faktoren, so auch allein schon strukturelle Gegebenheiten wie Gebäude, die Organisation der Arbeitsstundenanteile und auch der Schichtdienst, auf die Teamarbeit und die Teamstimmung auswirken können.

Übung

Welche Möglichkeiten zum Austausch gibt es in Ihrem Team?

___

___

___

Was behindert die Entwicklung Ihres Teams?

___

___

___

Welche Maßnahmen würden die Entwicklung Ihres Teams fördern?

___

___

___

In einer Teamentwicklungsmaßnahme trainierte das oben beschriebene Team seine Kommunikationsfähigkeit und veränderte einige Strukturen. Dabei wurde darauf geachtet, dass die Veränderungen auch realistisch umgesetzt werden konnten. Wichtig war dabei, dass die Veränderungen sich nicht noch zusätzlich belastend auf den täglichen Arbeitsablauf auswirkten. Die getroffenen Maßnahmen gaben Anregungen, die andere Teams in vergleichbaren Arbeitskontexten für sich übernehmen bzw. anpassen konnten:

- Es wurde erstmalig darauf geachtet, dass alle Mitarbeiter, die im Dienst sind, sich auch persönlich begrüßen.
- Es wurden tägliche, kurze (wenige Minuten) Austauschsequenzen eingeführt.
- Die Sitzposition bei der Teambesprechung wurde so verändert, dass sich alle Teammitglieder während der Besprechung auch ansehen können, wenn sie miteinander sprechen. (das war vorher an einem schmalen Tisch nicht möglich.)

- In den Gruppenteams wurde wöchentlich besprochen, wie die Zusammenarbeit gelaufen ist und auch, wie die Zusammenarbeit mit dem Gesamtteam erlebt wird.
- Ein monatlicher Stammtisch wurde geplant.
- Der nächste Teamtag wurde als Outdoor-Training geplant, um den Teamgeist weiter zu stärken.
- In einem halben Jahr wird das Team sich noch einmal mit dem Teamentwickler treffen, um die Umsetzung der Maßnahmen und die sich daraus resultierende Teamentwicklung zu analysieren. Neue blinde Flecke in der Teamentwicklung können dabei aufgedeckt werden. Möglichen Fehlentwicklungen in der Teamentwicklung können dann aktiv begegnet und vorgebeugt werden.

Eine solche Nacharbeit – wie im letzten Punkt angesprochen – ist für Teamentwicklungsmaßnahmen generell empfehlenswert.

Übung

Welche kommunikativen Veränderungen braucht Ihr Team?

____

____

____

Welche Maßnahmen würden diese Kommunikationsveränderungen in Ihrem Team bewirken?

____

____

____

11.2 Austausch sichern und Zusammenarbeit im Team fördern

Wenn Sie in Ihrer Einrichtung regelmäßige Austauschmöglichkeiten gestalten, haben alle Mitarbeiterinnen und Mitarbeiter auch immer wieder die Möglichkeit, das Ganze im Blick zu haben und sich dafür zu engagieren.

Das kann z. B. bedeuten, dass man die Möglichkeit nutzt, von Zeit zu Zeit in den Unterteams zu rotieren oder bei anderen Teammitgliedern mit besonderen Aufgabenschwerpunkten hospitiert. So haben die Teammitglieder Gelegenheit, sich auf der Arbeits- und auch auf der für die Teamentwicklung so wichtigen persönlichen Ebene besser kennenzulernen.

Eine andere Möglichkeit, den Austausch und damit die Teamentwicklung zu fördern, ist das Schaffen sozialer Räume und Gelegenheiten, die zum Gedankenaustausch anregen. Das kann zum Beispiel der Plausch bei einer Tasse Kaffee oder ein kleiner Imbiss zwischendurch sein. Was sich meist von selbst ergibt, ist der Austausch der Raucher, die gemeinsam vor der Tür stehen und miteinander sprechen. Der sich hieraus ergebende Austausch und Sozialkontakt macht das Bedürfnis nach sozialen Räumen in sozialen Organisationen deutlich.

Die Arbeit im Team sollte auch immer die sozialen Bedürfnisse der Teammitglieder nach Austausch, Wertschätzung und Weiterentwicklung erfüllen. Hierfür sind geeignete Kommunikationsräume unentbehrlich. Es erscheint ein immer wieder aufkeimender Irrglaube, man könnte dem Bedürfnis nach zwischenmenschlicher Kommunikation und nach sozialen Kontakten einfach wegrationalisieren, um die Arbeitsabläufe noch effektiver zu gestalten. Das mag im ersten Augenblick auch so aussehen, die Arbeitsqualität wird aber gerade in sozialen Organisationen auch durch das persönliche Wohlfühlgefühl der Teammitglieder erheblich mitentschieden. Belastungssituationen und Konflikte werden in Teams dann aufgefangen, wenn die Teammitglieder in der Lage sind, sich hierüber auszutauschen und sich auch dabei der Unterstützung der anderen zu versichern. Aber auch aus betriebswirtschaftlichen Gründen sind soziale Räume in der Gesamtbetrachtung eine gute Investition. Wenn man sich über seine Arbeit informell austauschen und auch einmal „abstöhnen" kann, kehrt man danach mit neuer Energie an seinen Arbeitsplatz zurück.

Stellen Sie als Teamleiter doch einfach mal einen Stehtisch an einem dafür geeigneten Platz auf und stellen eine Kanne Kaffee/Tee mit einer Obstschale darauf. Fordern Sie Ihre Mitarbeiter/-innen dazu auf, hier kurze Pausen zu verbringen und beobachten Sie, wie dieses Angebot genutzt wird. Schauen Sie, wer hier, mit wem, worüber ins Gespräch kommt. Das Stehen am Tisch sichert dabei automatisch, dass diese Phasen nicht zu sehr ausgedehnt werden. Die Frage ist, ob man hier überhaupt von richtigen Pausen sprechen kann, da die Mitarbeiter bei solchen Gelegenheiten in der Regel über ihre Arbeit sprechen werden. Die privaten Worte, die hier fallen, tragen auch zum Wohlbefinden bei und sind damit letztendlich auch Kommunikationsförderer.

Sollten diese Pausen genutzt werden, über andere Teammitglieder herzuziehen, können Sie sich sicher sein, dass das sowieso geschieht, denn dafür gibt es immer auch andere Gelegenheiten. Wenn Ihnen solche Situationen vermehrt auffallen, sollten Sie Ihre Beobachtungen spätestens in der nächsten Teamsitzung thematisieren oder: Stellen Sie einfach ein Schild mit dem Text auf den Tisch: „Wer sich über andere abfällig äußert, über den wird in seiner Abwesenheit auch gesprochen."

Versuchen Sie, ein soziales Angebot einzurichten. Zu viele Bedenken im Vorfeld verhindern hier nur Ihre Kreativität und Ihre Entschlusskraft. Geht so ein Angebot in die falsche Richtung, haben Sie immer noch die Möglichkeit, es einfach wieder abzuschaffen. Schaffen Sie also soziale Räume des Austausches, denn sie tragen zum Wohlbefinden im Team bei.

Durch Supervision die Leistungsfähigkeit sichern und Entlastung schaffen

Für die inhaltliche Weiterentwicklung Ihrer Teamarbeit ist natürlich die Beteiligung Ihrer Mitarbeiter an Fort- und Weiterbildungen, Fachtagungen und Kongressen förderlich. Genauso wird die inhaltliche Arbeit in Ihrem Team durch die systematische Reflexion der Arbeit und der Teamabläufe weiterentwickelt. Hierfür hat sich in vielen sozialen Organisationen mit anspruchsvollen Aufgaben die Einrichtung einer regelmäßigen Supervision bewährt. Sie dient der Analyse der Arbeit, der Entlastung der Teammitglieder und der Weiterentwicklung der Handlungsmöglichkeiten der Arbeits- und Teamqualität.

Supervision bedeutet: Eine berufliche, komplexe Situation zu überblicken und durch eine neue Perspektive bessere Handlungsalternativen zu entwickeln.

Supervision unterstützt die Supervisanden dabei, auch die Perspektive des anderen zu sehen, der an der Situation beteiligt ist. Das Verändern des eigenen Blickwinkels erlaubt es, beruflich erlebte Situationen anders wahrzunehmen, neu zu bewerten und besser zu gestalten. Durch das Reflektieren der beruflichen Situation aus unterschiedlichen Perspektiven werden neue Handlungsmöglichkeiten sichtbar und die Aufgabenbewältigung leichter und in der Umsetzung erfolgreicher.

Es gibt verschiedene Anlässe, um mit einer Supervision zu beginnen. Oft sind es Teamstörungen oder das ständige Überschreiten der Belastungsgrenzen. Zunehmend besteht aber auch der Wunsch, mit der Supervision die Arbeit inhaltlich weiterzuentwickeln und die Arbeitsqualität durch Supervision zu sichern. Supervision gehörte früher nur zum Standard von therapeutischen und psychiatrischen Arbeitsfeldern, wird aber zunehmend in allen anderen sozialen und pädagogischen Arbeitsfeldern als Unterstützung und Maßnahme der Qualitätssicherung geschätzt.

Der Supervisor ist dabei der Spezialist für das Diffuse in der betrieblichen bzw. Teamkommunikation sowie in der betrieblichen und persönlichen Handlungsbewältigung der Arbeitssituation. Der Supervisor ist auch Spezialist für die emotionale Dimension in Arbeitsprozessen, er weist auf Störungspotenziale und Möglichkeiten der Handlungsverbesserung gleichermaßen hin. Der Supervisor hat die Aufgabe, die Mitarbeiter bei der Erfüllung ihrer Aufgaben und bei der weiteren Entwicklung der Zusammenarbeit mit seinen Interventionen unterstützend zu begleiten.

In der Praxis haben sich je nach Teamgröße zwei bis dreistündige Supervisionen, die sechs- bis zehnmal im Jahr stattfinden, bewährt. Das ist natürlich auch abhängig von der anspruchsvollen Arbeitsaufgabe und den Herausforderungen des Teams, die täglich bewältigt werden müssen. Manchmal ist deshalb auch ein intensiverer Supervisionszyklus angebracht. Die Supervision bietet Raum, die Arbeit mit Klienten bzw. Kunden zu reflektieren, sie bietet aber auch den Raum, Teamsituationen intensiver weiterzuentwickeln.

So können zum Beispiel zu Beginn einer Supervision folgende Fragen zur Analyse gestellt werden:

Welcher Anlass bzw. welche Situation soll besprochen werden?
- Was ist wann konkret geschehen?
- Wer ist an der Situation beteiligt?
- Welche Auswirkungen haben sich daraus ergeben?
- Wo liegen die Ursachen?
- Was ist das Problem?

Wie bewertet das Team die Situation und was bedeutet das für das Erreichen unserer Ziele:
- Kinder, Jugendliche, Bewohner, Klienten, Patienten und Kunden?
- das Umfeld?
- die Kollegen?
- das Team?
- die Führungskraft?
- die Einrichtung?
- den Träger?
- ...?

Was habe ich als Teammitglied damit zu tun?
- Wodurch bin ich direkt betroffen?
- Habe ich die Situation nur beobachtet?
- Wie belastet mich die Situation?
- Welche Vorteile habe ich durch die Situation?
- Was möchte ich für mich tun?
- Was möchte ich für das Team tun?

Welche Dynamik wurde dadurch ausgelöst?
- Welche Emotionen sind aufgetreten?
- Welche Blockaden und Widerstände sind ausgelöst worden?
- Welche Spannungen entstanden im Team?
- Welche Ressourcen sind bei den Beteiligten erkennbar?
- Welche Lösungsversuche wurden unternommen?

In der Supervision fördert der Supervisor mit seinen methodischen Interventionen und Impulsen die Erkenntnisfähigkeit der Teammitglieder und fördert damit die Entwicklung der persönlichen Handlungskompetenzen des Einzelnen. Dabei sagt der Supervisor nicht, wie es gemacht werden soll, sondern unterstützt den Selbsterkenntnisprozess zur Aufgabenbewältigung. Die Supervisanden entwickeln durch die supervisorische Begleitung Impulse für die richtige Lösung. Die Aufgabe des Supervisors ist es, die Arbeitsfähigkeit und die Aufgabenbewältigung der Supervisanden zu fördern und mit ihnen bessere Handlungsstrategien zu entwickeln. Der Supervisor hat dabei die beteiligten Personen, die Organisation und die Rahmenbedingungen, sowie das Fall- und situative Geschehen für die Erreichung der Aufgabenstellung im Fokus. Der Supervisor gibt dabei Feedback zu Einstellungen, Verhaltensweisen, Handlungsstrategien und zum Umgang in der Zusammenarbeit. Er macht Grenzen, Blockaden und Möglichkeiten deutlich. Er begleitet die Mitarbeiter bei der kontinuierlichen Kompetenzentwicklung ihrer Aufgabenbewältigung und ihrer Arbeitsfähigkeit. Der Supervisor unterstützt dabei die persönlichen Ressourcen des Teams.

Vorrangig wird das Thema in der Supervision über das Gespräch erarbeitet, auf Wunsch und in Abstimmung mit der Gruppe können, wenn es die Situation erlaubt, auch kreative Techniken zur Klärung des Themas beitragen. Der folgende Gesprächsleitfaden informiert grundlegend und gibt eine Orientierung, wie eine Supervisionssitzung strukturiert sein kann:

Gesprächsleitfaden für die Supervision

Einstimmung:	*„Mir geht es heute …"*
Interesse bzw. Thema einbringen:	*„Besprechen möchte ich heute folgende Situation …"*
Abstimmen des Themas:	*„Am meisten interessiert mich heute …"*
Schilderung des Themas:	*„Berichten möchte ich euch heute über … weil …"*
Rückmeldung durch die Gruppenteilnehmer:	*„Mein Eindruck ist … „* *„Verstanden habe ich …"* *„Noch unklar ist mir …"*
Potenziale entdecken:	*„Das Positive an der Situation ist …"*
Bearbeitung des Themas:	*„Eine Lösung könnte sein …"*
Abschluss des Themas:	*„Meine Lösung ist, daher werde ich …"*
Abschluss der Supervisionssitzung:	*„Wichtig war für mich …"* *„Spaß hat mir heute …"* *„Mir geht es jetzt …"*

Die Supervisionssituation ist vertraulich, alles was besprochen wird, bleibt in der Supervision. Von den Supervisionsteilnehmern werden der Mut und die Offenheit erwartet, die Dinge zu thematisieren, die sie in ihrer Arbeit nachhaltig beschäftigen oder belasten.

Neben Supervision als begleitende Beratungsmethode gibt es auch immer mehr Coachingangebote in sozialen Einrichtungen. Ursprünglich kommt der Begriff Coaching aus dem Sport und bedeutet, jemanden zu seinem Ziel zu führen. Im Coaching werden in der Regel eher Führungsthemen bearbeitet und die Beratungsmethode ist stark impulsgebend. Auch für manche Teamsituationen kann dieser Ansatz, z. B. bei größeren Projekten, sehr hilfreich sein.

Supervision dagegen begleitet die berufliche Situation allgemeiner, hat dabei hohe Feedbackanteile und eine größere Reflexionstiefe. Sie erfasst mit ihrer Lösungsorientierung auch die psychodynamische Dimension der beruflichen Situation und dient somit auch zur Psychohygiene sozialer Berufe.

11.4 Teamerlebnisse formen Spitzenteams

Neben der begleitenden Beratung durch Supervision können auch gezielte Teamtrainings, die erlebnisorientiert sind, wichtige Impulse für die Weiterentwicklung des Teams setzen. So können Outdoor-Trainings, wie zum Beispiel eine Kanutour, der Besuch eines Kletterparks, der gemeinsame Bau eines Floßes oder eine Segelregatta, in Ihrem Team Gemeinschaftserlebnisse erzeugen und für die Zusammenarbeit neue Impulse setzen. Damit diese Angebote mehr als ein gemeinsames, sportliches Gruppenerlebnis sind, ist es wichtig, dass auch der Transfer dieser Erlebnisse zur täglichen Arbeit hergestellt und für die weitere Zusammenarbeit gesichert wird.

Bei diesen Aktivitäten können Impulse entstehen, die, wenn sie durch die richtige Anleitung verdeutlicht werden, die Teamarbeit tief berühren und verändern können.

Beispiel (aus der Trainingspraxis)
Seit einigen Jahren arbeite ich mit verschiedenen Gruppen von Erzieherinnen und Erziehern, die sich in langfristigen Weiterbildungen innerhalb einer festen Lerngruppe befinden. Vergleichbare Gruppenkonstellationen finden sich in vielen anderen sozialen Einrichtungen. In dieser Weiterbildung findet auch immer ein Teamtraining statt, oftmals in einem Wald-Kletterpark.

Circa ein Drittel der Teilnehmer signalisiert im Vorfeld immer Unbehagen oder Höhenangst, ein weiteres Drittel der Teilnehmer ist begeistert und das letzte Drittel äußert sich auf meinen Vorschlag, einen Tag im Kletterpark zu verbringen, gar nicht.

Das ist nach meinen Beobachtungen eine typische Situation für ein Team, relativ unahängig vom Thema: In einer Teamsitzung wird ein Vorschlag für eine Veränderung gemacht. Ein Drittel ist überzeugt, ein weiteres Drittel äußert Bedenken und ein Drittel äußert sich nicht.

Wie lässt sich in dieser Situation erreichen, dass sich das ganze Team für die Veränderung engagiert?

Beispiel Fortführung
In der Kletterparksituation wird von den Teilnehmern erwartet, dass sie ihre persönliche Komfortzone verlassen und sich mit der Anforderung auseinandersetzen, sich auf etwas einzulassen, das sie nicht überschauen können. Das Unbekannte löst bei ihnen Ängste und die Befürchtung vor Überforderung aus. Es entsteht bei einigen der verständliche Wunsch, dieser Situation auszuweichen.

Bei der Durchführung solcher oder ähnlicher Trainings muss jeder seinen Platz finden und sich aktiv beteiligen können. So ist es für die Teambildung von Bedeutung, dass sich die Mutigen für die Ängstlichen verantwortlich fühlen und diese motivierend durch den Kletterpark begleiten. Ihr Ziel muss es nicht sein, den Kletterpark alleine zu bewältigen, sondern ermutigt durch ein anders Teammitglied, neues unbekanntes Terrain zu betreten.

Alle, die körperlich dazu in der Lage sind, entwickeln dabei die Bereitschaft, sich auf das „Wagnis“ Kletterpark einzulassen. Kleinteams, die sich gegenseitig motivieren, bilden hierfür eine ideale Grundlage. Teilnehmer, die sich überfordert fühlen, können dann durch die Kleinteams motiviert werden, diese Aktion weiter durchzustehen. Manchmal ist die Angst dann doch zu groß, aber schon der Versuch wird durch alle Teilnehmer wertschätzend anerkannt.

Alle sind stolz auf diese Teilnehmer, die trotz ihrer Bedenken dabeigeblieben sind und es geschafft haben, weil jeder durch die Teamdiskussion im Vorfeld erfahren hatte, wie schwer es ihnen gefallen ist. Wer seinen Parcours abbrechen muss, weil er an seine Grenzen gestoßen ist, hat die Erfahrung gemacht, wie viel Respekt die Gruppe seinem Versuch zollt. Denn es trifft zu, was der Bergsteiger Reinhold Messner in einem Interview gesagt hat: „Wer es nicht versucht, kann nicht einmal scheitern“. Die Teilnehmer, die es geschafft haben, haben eine neue interessante Erfahrung gemacht. Das Selbstvertrauen wurde gestärkt und sie haben gelernt, wie wichtig es ist, wenn ein Team zusammenhält. Die Teilnehmer, die körperlich nicht in der Lage sind mitzuklettern, können gute und wichtige Erfahrungen in dem speziellen Teamparcours am Boden machen oder sorgen mit Fotos für eine Dokumentation dieser Aktion. So hat jeder seine Rolle und kann zum Ganzen der Teamleistung beitragen.

Eine solche Aktion macht nur dann richtig Sinn, wenn die Teilnehmer erkennen, auf welche Situation ihrer praktischen Arbeit sie diese Erfahrungen übertragen können. Hierzu braucht es ein Reflexionsgespräch über die Erfahrungen mit einem erfahrenen Trainer oder Berater, der den Transfer in die berufliche Situation reflexiv begleitet.

Wichtige Erfahrungen, die gemacht werden und übertragbar sind auf die beruflichen Aufgaben- und Teambedingungen, sind:

- Nicht alle Stationen auf einmal wahrnehmen, sondern eine Station nach der anderen
- Nicht in den Abgrund sehen, sondern immer auf die nächste Aufgabe fixieren
- Die aktuelle Aufgabe/Übung muss zuerst bewältigt werden
- Die Leistung und die Höhe sind durch Zuwachs an Erfahrung steigerbar
- Gehe Schritt für Schritt und du kommst ans Ziel
- Über die eigenen Grenzen sprechen
- Die persönlichen Grenzen sind erweiterbar
- Unsichere sind durch Unterstützung motivierbar
- Der Langsamste bestimmt das Tempo
- Mit den Schwächen der anderen wertschätzend umgehen
- Kein blinder Aktionismus sondern: Was ist wirklich die Aufgabe?
- Immer erst die Frage stellen: Was trägt zur Lösung bei?
- Ein Team, das zusammenhält, kommt ans Ziel!
- Das Ziel nicht aus den Augen verlieren
- Das Verlassen der eigenen Komfortzone ermöglicht neue Erfahrungen
- Der Erfolg macht selbstbewusst
- Der Erfolg stärkt den Teamgeist

Diese Erfahrungen lassen sich somit gut auf die täglichen Herausforderungen der Teamarbeit übertragen. Durch die intensiv erlebte Erfahrung sind diese erworbenen Erkenntnisse auch in kritischen Situationen leichter abrufbar. Motivieren Sie daher Ihr Team, sich unter Anleitung auf ein solches Teamtraining einzulassen. Wichtig dabei ist, dass alle, also auch diejenigen, die dieser Art des Teamtrainings kritisch gegenüberstehen, mit im Boot bleiben. Finden Sie dabei für jeden eine Rolle, sich aktiv nach seinen Möglichkeiten zu beteiligen. Achten Sie auch darauf, dass sich niemand selber ausschließt. Sprechen Sie mit den unsicheren Kandidaten Ihres Teams und motivieren Sie diese dazu, eine Rolle in einem solchen Training zu übernehmen, die ihnen möglich ist. Machen Sie diesen Teammitgliedern deutlich, dass Sie auch mit ihrer Zurückhaltung oder Einschränkung für das Team wichtig sind, auch wenn sie nur als Beobachter teilnehmen. Beobachter können dann der Gruppe zum Beispiel ein wichtiges Feedback geben. Diese Rolle kann für die weitere Teamarbeit sehr Gewinn bringend sein. Unsichere Teammitglieder wirken nur dann in ihrem Team blockierend, wenn man sie mit der Aufgabenstellung überfordert und sie sich in eine Verweigerungshaltung gedrängt fühlen. Gibt das Team aber nach, bestimmen die Verweigerer, was gemacht wird. Kann man ihre Widerstände akzeptieren und sie ansprechen, ist man auch in der Lage, sie für eine Aufgabe zu gewinnen, die im ersten Augenblick Verunsicherungen auslöst. Zwingen Sie niemand dazu, sich an solchen Aktionen zu beteiligen, sondern wertschätzen Sie die vorgebrachten Bedenken und machen Sie Alternativen, zum Beispiel die Möglichkeit, in der Rolle des Beobachters teilzunehmen, deutlich.

Menschen, die in sozialen Organisationen arbeiten, müssen sich selbst auch immer wieder darauf einstellen, dass sie ihre Klienten bzw. Kunden fördern durch fordern, aber dabei gleichzeitig nicht überfordern dürfen, und das sollte man dann auch für die Mitarbeiter in diesen Organisationen gelten lassen. Die Sensibilität für die Ängste und Vorbehalte der Klienten gegenüber neuen Erfahrungen fördert das allemal.

Beispiel

Eine andere Teamtrainingserfahrung, die ich hier beispielhaft beschreiben möchte, ist eine Regattaerfahrung beim Segeln. Beim Segeln sind die Zielerreichung und der Wettkampferfolg von einem eingespielten, gut zusammenwirkenden Team abhängig. Deshalb ist dieser Sport besonders geeignet, um Teamerfahrungen zu machen. Dazu muss man nicht unbedingt selbst Segler sein. Das kann durchaus auf geeigneten Booten unter Anleitung eines erfahrenen Seglers auch Segelsportneulingen vermittelt werden.

An diesem Beispiel lassen sich die folgenden Aspekte herausarbeiten:

Vor der Aufgabe (Regatta)

- Respekt vor Ziel und Aufgabe
- Realistische Einschätzung der eigenen Leistungsstärke
- Training, Training, Training

- Wir-Gefühl entwickeln – jeder ist an seinem Platz der Richtige, nur gemeinsam kommen wir zum Ziel
- Respekt vor den Konkurrenten
- Kennen der eigenen Stärken und Schwächen und der des Gegners
- Alle sind gleich gut motiviert

Bei der Aufgabenbewältigung (während der Regatta)

- Jeder an seinem Platz, jeder kennt seine Aufgabe und übernimmt Verantwortung für das Zusammenspiel
- Jeder unterstützt den anderen
- Sachliche, effektive und ruhige Kommunikation
- Klare und eindeutige Anweisungen
- Kommunikation ist auf das Ziel orientiert
- Ruhiger sachlicher Ton durch den Schiffsführer während der Regatta, Lob und Kritik danach
- Es wird sich nur über die Aufgabe und das Ziel unterhalten
- Sich mit den anderen Booten vergleichen und orientieren, aber seinen eigenen Weg kennen
- Beachten der Spiel- bzw. Wettfahrtregeln
- Beachte: Jedes andere Boot will vor dir sein, bleibe trotzdem fair

Nach der Aufgabe (Regatta)

- Fehler und Stärken analysieren
- Aus Niederlagen neue Ziele formulieren
- Konflikte werden sachlich nach der Wettfahrt geklärt
- Sich selbst neu motivieren
- Soziale Kontakte im Team pflegen
- Niederlagen gemeinsam tragen
- Jeder neue Start ist eine neue Chance

Auch ein Regatta-Teamtraining ermöglicht intensive Erfahrungen, die – wenn sie unter Anleitung reflektiert werden – für die eigene Teamarbeit nutzbar gemacht werden können. Teams können in solchen Trainings entscheidende Entwicklungsschritte tun. Neben dem gemeinsamen Erlebnis werden der Teamgeist gestärkt, Erfahrungen der eigenen und fremden Leistungsfähigkeit gemacht und Impulse gesetzt, die zu neuen Sichtweisen und zu positiveren Haltungen im Hinblick auf das Team führen können. Die hier beispielhaft dargestellten Maßnahmen sind Schritte in eine systematische Teamentwicklung, die oft mit weniger Aufwand verbunden sind, als man im ersten Augenblick annimmt. Um Erfolg damit zu haben, gilt es, Aktivitäten zu finden, die vom Team akzeptiert werden und die vor allem Freude machen.

Auch „normale" Betriebsausflüge, Weihnachtsfeiern etc. sind ebenso wichtig für das Gemeinschaftsleben im Team, richtig gestaltet tragen auch diese zu gemeinsamen positiven Gemeinschaftserlebnissen im Team bei.

11.5 Wenn Sie keine Lust auf Teamentwicklung haben

Natürlich gibt es Situationen, in denen der Teamleitung oder auch allen die Lust an der Teamentwicklung vergangen ist. Als Gegenmaßnahmen hier einige todsichere Tipps nach Gellert und Nowak (Teamarbeit –Teamentwicklung – Teamberatung, 2010, S. 370):

12 Regeln zur Zerstörung von Teams

Zu guter Letzt noch einige fatale Regeln, die in kurzer Zeit zu vernichtenden Resultaten führen. Mit den folgenden Verhaltensweisen und Interventionen schaffen Sie es mit ziemlicher Sicherheit, ein Team dauerhaft arbeitsunfähig zu machen oder ganz zu zerstören. Betrachten Sie es, mit einem Augenzwinkern, als Not-to-do-Liste:

1. Arbeiten Sie grundsätzlich ohne klare Zielvereinbarungen, um sich möglichst viele Optionen offenzuhalten.
2. Schränken Sie das Team keinesfalls durch Spielregeln im Umgang miteinander ein.
3. Setzen Sie jedes Teammitglied regelmäßig dem negativen Feedback des Gesamtteams aus, das härtet ab.
4. Bewerten und vergleichen Sie ohne Zögern das Verhalten einzelner Teammitglieder und loben Sie besonders konformes Verhalten. So bringen Sie lästige Kritiker zum Schweigen.
5. Diskutieren Sie ausführlich die Schwächen nicht anwesender Teammitglieder und geben Sie Tipps, wie mit ihnen am besten zu verfahren ist. Es versteht sich von selbst, dass mit den Anwesenden darüber Stillschweigen vereinbart wird.
6. Scheuen Sie sich nicht, regressive Elemente einzusetzen, indem Sie ungefragt frühkindliche Störungen einzelner Teammitglieder thematisieren und freimütig innerhalb des Teams diskutieren; dies gilt natürlich ganz besonders für die Teamleitung.
7. Erklären Sie es zu einem entscheidenden Erfolgskriterium, dass die Teammitglieder auch enge private Beziehungen knüpfen und beteiligen Sie sich selbst intensiv daran.
8. Vermeiden Sie konkrete Absprachen, um Flexibilität und Spontaneität in der Teamarbeit nicht unnötig einzuschränken.
9. Nutzen Sie die Sitzungen dafür, auch (eigene) private Probleme gemeinsam durchzuarbeiten, die Familien werden es Ihnen danken.
10. Zeigen Sie bedingungsloses Vertrauen, indem Sie freimütig über Ihre Erfahrungen mit Teams und Führungskräften aus derselben Organisation berichten.
11. Signalisieren Sie absolute Unabhängigkeit, indem Sie von Zeit zu Zeit den Auftraggeber kritisieren, und ermutigen Sie das Team, sich lebhaft daran zu beteiligen.
12. Verschwenden Sie keine unnötige Zeit mit einer genauen Dokumentation der Arbeitsergebnisse und Absprachen, und vertrauen Sie stattdessen auf das gute Gedächtnis der Teammitglieder.

Auf dem Weg zum Spitzenteam

12

„Rudern ist mehr als die Summe der Kräfte von acht starken Männern. Rudern heißt, die Energie auszubalancieren. Der Stärkste darf den Schwächsten nicht überfordern mit seinem Tempo, denn schon ein einziger zu spät gesetzter Schlag wirkt wie eine Bremse. Ein schnelles Boot ist ein ruhiges Boot, das Wasser wird gestreichelt und nicht zerpflügt, schnelle Boote haben eine Melodie. Langsame stottern im Stakkato."

Ralf Holtmeyer, Trainer des deutschen Ruder-Achters, der in London 2012 olympisches Gold gewann

(Vergl. Stern Nr. 31, 2012)

Alle sitzen in einem Boot

Auch Sie sitzen mit Ihrem Team „in einem Boot". Sie spüren, wie sich Ihre Zusammenarbeit anfühlt. Was nehmen Sie wahr, wenn Sie sich auf Ihre Rolle im Team konzentrieren? Was nehmen Sie wahr, wenn Sie sich auf die Zusammenarbeit im Team konzentrieren? Steht Ihr Team noch am Anfang oder ist es auf dem Höhepunkt seiner Möglichkeiten angekommen? Ist Ihr Team in einem leistungs- und zielorientierten Boot unterwegs?

Ein bekannter Spruch behauptet, dass sich „Team" so übersetzt:
Toll
Ein
Anderer
Macht's

Wenn Sie wollen, dass dies in Ihrem Team nicht so bleiben oder so werden soll, planen Sie nach einer Bestandsaufnahme Ihrer Teamsituation die weitere Entwicklung des Teams. Was wollen Sie mit Ihrem Team noch erreichen? Die Frage sollte sich im Team jeder stellen, egal ob Teammitglied oder Teamleitung. Nur wenn der Teamgeist gemeinsam getragen und gelebt wird, werden sich Wünsche, in einem „Dream-Team" zu arbeiten, erfüllen. Das bedarf neben dem Engagement aller Beteiligten auch einer Strategie, die den Weg dahin beschreibt. Dieser Weg kann in vier Phasen erfolgen:

1. Entdecken
2. Erfinden/Erträumen
3. Entwerfen
4. Erschaffen

1. Entdecken
bedeutet, positive Kräfte, Ressourcen und Erfahrungen zu entdecken, die in jedem Teammitglied, im gesamten Team und der Einrichtung aktuell vorhanden sind bzw. als positive Erfahrung aus der Vergangenheit nochmals bewusst gemacht werden können.

2. Erfinden/Erträumen
bedeutet, eine Vision der Zukunft für das Team zu entwerfen, die die Kräfte bündelt, gemeinsame Orientierung und Basis für das Handeln im Alltag schafft, für den Einzelnen, das Team und die Einrichtung.

3. Entwerfen
bedeutet, konkrete Umsetzungsleitlinien für die Vision, die Zusammenarbeit im Team, die Teamleitung, die Rollen und vieles mehr zu erarbeiten, die die Vision mit Leben erfüllen.

4. Erschaffen
bedeutet, die Vision im Alltag konkret umzusetzen. Dazu gehört auch, sich immer wieder auf der Teamebene darüber klar zu werden:
Wo stehen wir mit der Umsetzung, was haben wir erreicht, wo fehlt noch etwas, was ist in der Zwischenzeit in den Weg geraten und wo müssen wir noch neue Umsetzungsvereinbarungen treffen? Dies lässt sich am besten in einem kontinuierlichen Prozess der Teamentwicklung verwirklichen, für den sich alle Teamitglieder verantwortlich fühlen und bereit sind, sich zu engagieren.

Die erfolgreiche Teamgestaltung ist immer abhängig von dem Willen und dem Engagement aller Teammitglieder und im erfolgreichen Fall bedeutet „Team“ dann schon:
Toller
Einsatz
Aller
Mitarbeiter

Zeigen Sie als Teammitglied und Teamleitung, dass sie bereit sind, sich für die gemeinsame Entwicklung Ihres Teams einzusetzen. Motivieren Sie mit Ihrer Begeisterung den Teamgeist und die Bereitschaft zur Zusammenarbeit, auch bei denjenigen, die unsicher sind oder sich zurückhalten, sich auf den Weg einer erfolgreichen Teamentwicklung zum Spitzen-Team zu machen. Fangen Sie selbst an und suchen sich dann Mitstreiter, die sich dem Ziel anschließen, mehr aus ihrem Team zu machen. Gestalten Sie Ihre Teamentwicklung Schritt für Schritt und mit viel Freude daran. Bedenken Sie dabei: Auch wer langsam geht, kommt ans Ziel. Fangen Sie an, denn auch ein langer Weg beginnt mit dem ersten Schritt und dann noch einer und noch einer und dann einfach dran bleiben auf dem Weg zu Ihrem Spitzen-Team.

Über den Autor

Raimund Erger (Jg. 1955), studierter Diplom-Supervisor und Diplom-Sozialpädagoge, arbeitet seit 1996 selbstständig als Supervisor, Lehrsupervisor, Coach und Trainer für Kommunikation und Personalentwicklung in Borchen bei Paderborn. Davor war er als Personalleiter eines Klinikverbundes und als Familien- und Suchtberater tätig.

Zu seiner Arbeit mit Teams sagt er: *„In meiner Arbeit mit Teams ist es mir wichtig, dass wertschätzend, motivierend und lösungsorientiert gearbeitet wird.*

Die Freude über neue Lösungsmöglichkeiten für erfolgreiche Teamarbeit soll dabei erlebt werden. Daher ist mein Motto: Ihr Erfolg – ist mein Ziel."

Er ist über 25 Jahre aktiver Berater und Dozent für die Weiterbildung von Menschen in sozialen Berufen. Teamberatung und die Entwicklung zum „Spitzen-Team" sind seine Themenschwerpunkte.

Quellen und weiterführende Literatur

- Belbin, Dr. Meredith: Managementteams – Erfolg und Mißerfolg. 1996, Bergander-Verlag, Wörrstadt
- Blanchard, Kenneth / Carew, Donald / Parisi-Carew, Eunice / Mietzner, Lieselotte: Der Minutenmanager schult Hochleistungsteams. 3. Auflage 2002, Rowohlt Verlag, Reinbek bei Hamburg
- Francis, Dave / Young, Don: Mehr Erfolg im Team. 5. Aufl. 2012, Windmühle Verlag, Hamburg
- Gellert, Manfred / Nowak, Claus: Teamarbeit, Teamentwicklung, Teamberatung. 2010, Verlag Christa Limmer, Meezen
- Konflikt-Eskalationsmodell nach Friedrich Glasl. Artikel unter http://www.managerseminare.de/Lexikon/Konflikt-Eskalationsmodell-nach-Friedrich-Glasl,158155 (Link 2012)
- Hentze, Prof. Dr. Henner: Multimediaprojekt „Teamentwicklung". 2000, Fachhochschule Münster
- Jay, Ros: Erfolgsgeheimnis Teambildung. Deutsche Ausgabe 1998, Falken Verlag, Niedernhausen/Ts; vergriffen
- Jünger Train Tools: 300 Top-Übungen für Seminare und Trainings / Themenbereich Teamtraining (CD-ROM). Jünger Medien Verlag + Burckhardthaus-Laetare, Offenbach
- Mabey, Christopher / Sally Caird: Building Team Effectiveness. 1999, Open University, Milton Keynes.
- Martens, Andree: Loben lernen. In: Manager-Seminare 08.2012
- Niermeyer,Rainer: Teams führen. 2011, Haufe, Freiburg
- Oppermann-Weber, Ursula: Praxis der Mitarbeiterführung. 2012, Cornelsen Verlag, Berlin
- Rave, Thomas: Personalführung auf dem Prüfstand. Bericht von der 17. Fachtagung der Regionalgruppe Ostwestfalen-Lippe am 25. Februar 2012 im LWL-Bildungszentrum Jugendhof Vlotho, Vortrag mit Prof. Dr. Peter Nieschmiedt, München. Journal Supervision 2.2012 der Deutschen Gesellschaft für Supervision e. V.
- Schulz von Thun, Friedemann / Kumbier, Dagmar (Hg.): Impulse für Kommunikation im Alltag. 2010, Rowohlt Verlag, Reinbek
- Thomann, Christoph: Klärungshilfe 2 – Konflikte im Beruf. 2010, Rowohlt Verlag, Reinbek
- Vössing, Heidrun: Loben lernen. Im Artikel von Andree Martens in Manager-Seminare 08.2012

Stichwortverzeichnis

Das pädagogische ABC

Für die Praxisanleitung

Das Buch begleitet die Praxisanleiterin in allen wichtigen Handlungsschritten und regt zur Reflexion der pädagogischen Aufgabe an. Über die praktische Hilfestellung hinaus beleuchten die Autorinnen die Rahmenbedingungen der praktischen Ausbildung und das Spannungsfeld zwischen Lernen und Arbeiten.

Frauke Paschko/Christine Schulze-Kruschke
Praxisanleitung in der Pflege
224 Seiten, Festeinband
ISBN 978-3-06-455175-6

Weitere Informationen zum Programm erhalten Sie im Buchhandel oder im Internet unter **www.cornelsen.de/berufskompetenz**

Cornelsen Verlag • 14328 Berlin
www.cornelsen.de

Cornelsen

Nur noch müde?

Work-Life-Balance beachten

Was tun, wenn der Stress nicht nachlässt? Woran erkennt man, dass ein Burnout droht? Dauerstress und Burnout haben unterschiedliche Entstehungsgeschichten, senden auf körperlicher Ebene aber ähnliche Warnsignale. So ist es möglich, dem eigenen Stress- und Burnout-Risiko auf die Spur zu kommen.
Der Titel erläutert die Zusammenhänge sowie Präventions- und Behandlungsmaßnahmen.

Irmgard Hofmann
Stress- und Burnoutprävention
192 Seiten, Festeinband
ISBN 978-3-06-455187-9

Weitere Informationen zum Programm erhalten Sie im Buchhandel oder im Internet unter **www.cornelsen.de/berufskompetenz**

Cornelsen Verlag • 14328 Berlin
www.cornelsen.de

Cornelsen